物理のすべてがわかる本

科学雑学研究倶楽部 編

はじめに

この世で最も小さなものから、宇宙全体にまで至るスケールをもつ、真理の探究の営み——それが物理学です。

アメリカの物理学者で、１９７９年度のノーベル物理学賞受賞者のシェルドン・グラショーは、宇宙の構造を、「ウロボロス」という神話的なヘビにたとえました。そのヘビは、自分の尻尾を口にくわえて、円環の形を表しているのですが、グラショーは、このヘビの頭部を「大きさの極限」である宇宙全体に、尻尾を「小ささの極限」である素粒子（それ以上分割できない、物質の最小単位）に見立てています。このたとえは、極大の宇宙が極小の素粒子によって作られていること、素粒子の研究が宇宙論につながることを示すものです。

身のまわりの現象から宇宙の果てまで、そして目に見えない小さな世界まで——そこにどのような法則がはたらいているのかを解き明かすべく、有名無名の多くの知性が、長い時間をかけて発見や考察を積み重ねてきたのが、物理学の歴史です。

そんな「物理のすべて」を、たくさんの方に、思いきり楽しんでいただきたいというのが、この本のコンセプトです。

『物理のすべてがわかる本』……われわれ執筆者にとって、じつに恐ろしいタイトルです。何しろ、物理学の歴史はとても長く、非常に難解な理論も多く、いまだに解明されていないことは星の数ほどあるのですから！

それでも、「物理のすべて」を、多くの方に「わかる」と思っていただけるように紹介するには、どうすればいいか――

執筆者同士で議論を重ね、知恵を出し合いました。

面白く、気軽に読んでいただけるよう、専門的な数式は極力用いず、イメージを助ける図解を多用し、可能な限り明瞭でシンプルな説明を心がけています。

この本を読んで、「物理のすべてがわかった！」と思っていただければ嬉しいですし、「物理のことをもっと知りたい！」と思っていただければ、さらに嬉しいです。

科学雑学研究倶楽部

Contents

物理のすべてがわかる本 目次

$F = G\frac{m_1 m_2}{r^2}$

第7章 極小の世界と極大の宇宙へ 193

※本書は2019年5月に学研プラスから刊行されたものです。

私たちの世界と物理学

01

物理学とは何か

宇宙の法則を追い求める知の営み

物理学が探究するのは？

「物理学」を意味する英語は「physics」ですが、この単語の語源は、「自然」を意味するギリシア語「ピュシス」です。物理学は、古代ギリシアで生まれた**自然学**（42ページ参照）という営みを受け継ぐ、**自然科学**の一分野です。

おもに生物以外のものを研究対象とし、物質の間にはたらく法則を、数学的な方法を駆使して探究するところに、学問としての特徴があります。

古典物理学

物理学の中でも、おおむね19世紀までに体系化されていった理論を、**古典物理学**といいます。

物体の運動に関しては、**ニュートン力学**や、これを定式化し直した**解析力学**があり、**古典力学**と総称されます。光と色や、音の研究も行われてきました。電気と磁気に関する**電磁気学**や、熱に関する**熱力学**の研究も生まれました。天体の運動に関する**天文学**も、物理学と深いかかわりをもっていました。

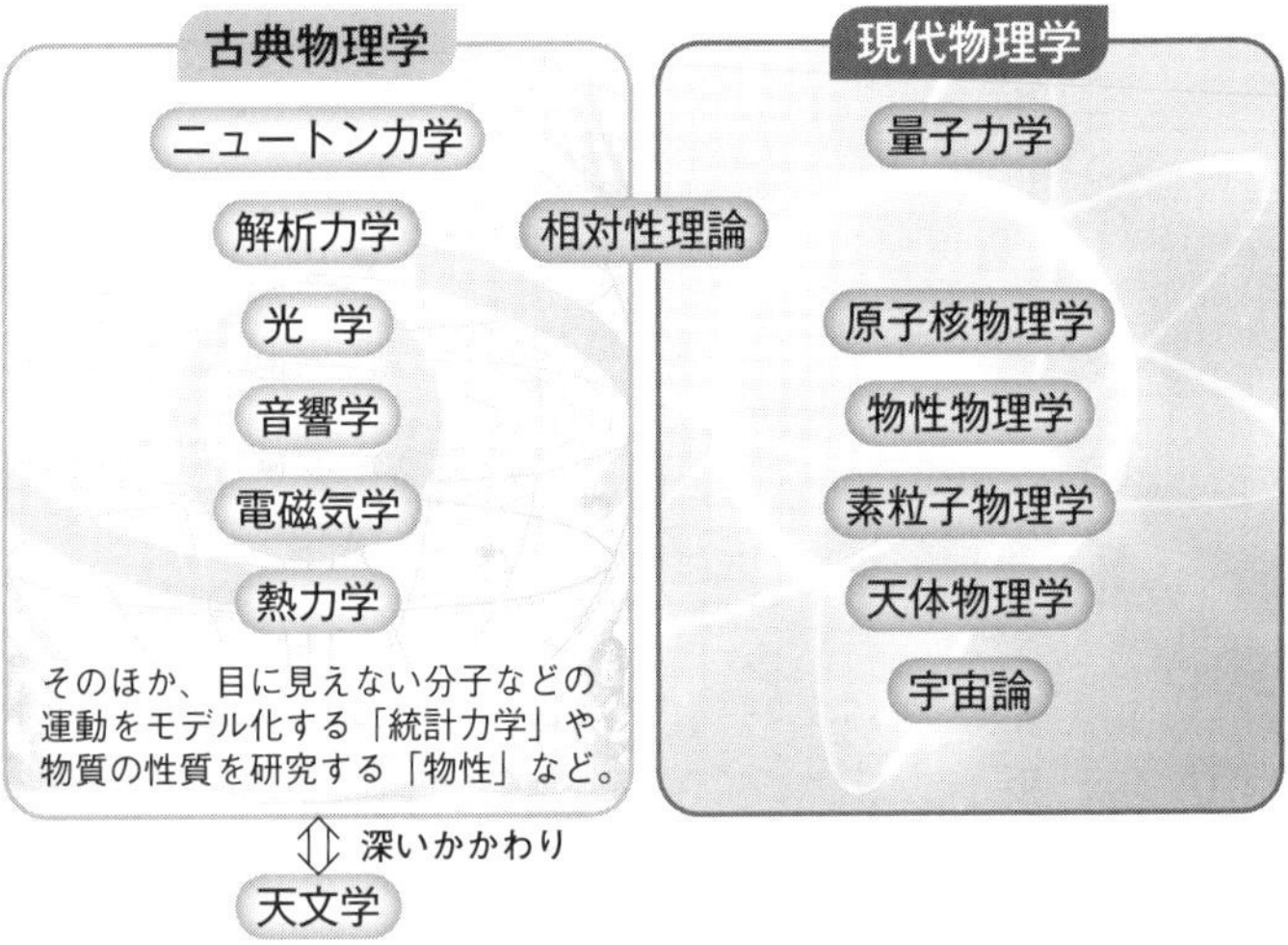

▲古典物理学と現代物理学のおもな研究分野のイメージ。

現代物理学

19世紀末から20世紀初頭にかけて、新しい理論が生まれました。**量子論**（りょうしろん）（**量子力学**）と**相対性理論**（そうたいせいりろん）です。そして特に、量子論的な考え方が入っている物理学は、**現代物理学**と呼ばれます。

量子論は、きわめて小さなスケールの世界における、**微視的**（びしてき）（**ミクロ**）な物理現象を扱う理論です。「ミクロの世界には、ニュートン力学のような古典的な物理学の常識が通用しない」ということを明らかにしました。

大きなスケールで時間と空間を論じる相対性理論は、一般的には古典物理学に分類されますが、量子論との融合が模索されています。

02 エネルギーと力

物理を楽しむために押さえておこう！

エネルギーとは何か

　これから物理のすべてを楽しむための、いわば準備運動として、物理学の中心にある主役級の概念を、いくつか見ておきます。

エネルギーという言葉から始めましょう。日常生活でもよく用いられますが、これはどういう意味かおわかりでしょうか？　物理学的にはエネルギーとは、**物体に変化を引き起こすことのできる潜在能力**を意味します。

　この潜在的なエネルギーに対して、実際に物体を変化させる顕在的なはたらきを、**力**と

▼重力という「力」がボールに対してはたらき、仕事をするときの例。運動エネルギー（K）と位置エネルギー（U）を足したものを力学的エネルギー（E）といい、これは運動のどの時点でも一定になる（力学的エネルギー保存の法則）。

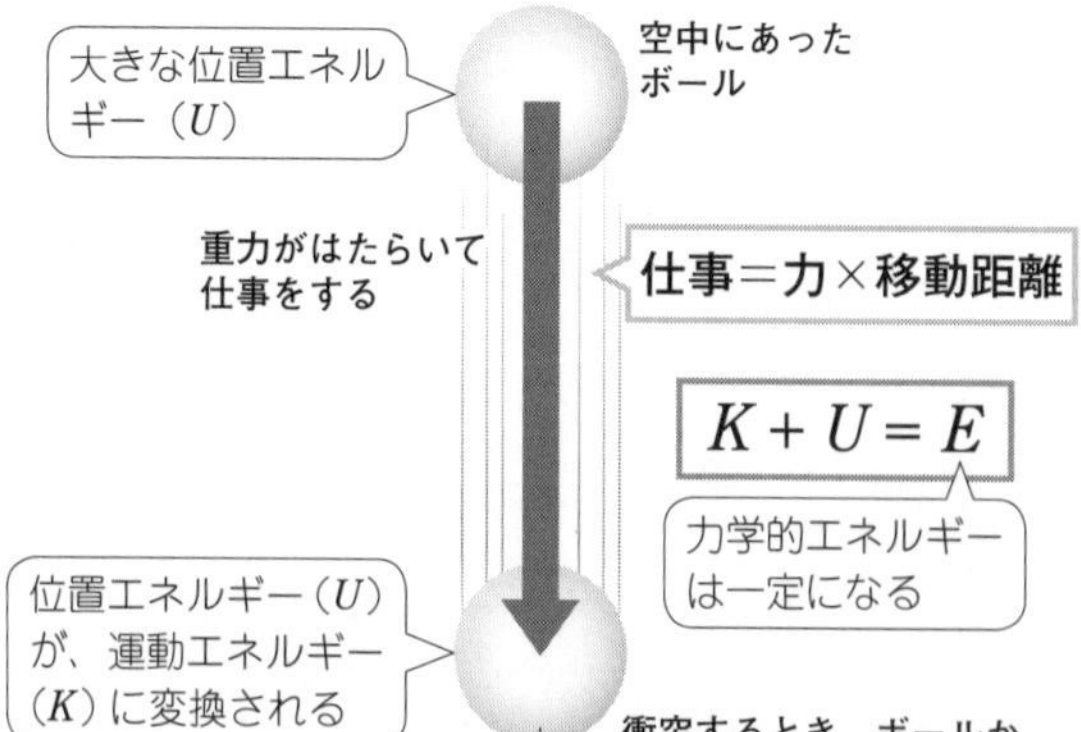

いいます。力は、エネルギーをある物体からほかの物体へと移動させる過程で、運動状態を変化させたり、物体を変形させたりします。

物体に力を加えて、移動させるなどの変化を引き起こしたとき、「力がその物体に対して**仕事**をした」といいます。

エネルギーの保存と変換

エネルギーは力によって物体の間を移動しますが、エネルギーが新しく生まれたり、消滅したりすることはありません。

じつは、宇宙に存在するエネルギーの総量は、宇宙の誕生のときから増減していないのです（**エネルギー保存の法則**）。ただし、エネルギーには多くの種類があり、**異なるタイプに変換**することができるのです。

▼さまざまな種類のエネルギー。

運動エネルギー	物体が運動することでもつエネルギー。
位置エネルギー	物体が、ある位置（たとえば高所）に存在することでもつエネルギー。
熱エネルギー	原子や分子の熱運動によるエネルギー。
音エネルギー	空気などを伝わる波としての音から生じるエネルギー。
電気エネルギー	電流によって移動するエネルギー。
光エネルギー	電磁波としての光がもつエネルギー。
化学エネルギー	化学反応で放出または吸収されるエネルギー。
原子エネルギー	原子核内部に蓄えられたエネルギー。

03

質量と運動の基本

物理の主役級の概念が意味するものは？

質量とは何か

物体は、物質としての量をもっています。これを**質量**と呼びます。質量には、ふたつの側面があります（40ページも参照）。

ひとつは**重力質量**です。

あらゆる物体は、互いに引き寄せ合う**引力**をもっており（**万有引力の法則**）、この力を**重力**とも呼びます（特に有名なのが地球の重力です）。この**重力の大きさを決める**のが、重力質量です。物質としての量に応じて、その物体にはたらく重力が発生するのです。

もうひとつは**慣性質量**です。

ある物体が、外部からの力（**外力**）を受けないとき、その物体の運動状態は変わらず、一定の速度または静止状態（つまりゼロという一定の速度）を維持します。この性質を**慣性**といいます。

ここでは、物体が静止している状態を考えましょう。これを動かすには力を加える必要がありますが、物体は、物質としての量に応じて、**力に抵抗する性質**（動かしにくさ）をもっています。これが慣性質量です。質量の大きな物体を動かすには、それだけ大きな力が必要になります。

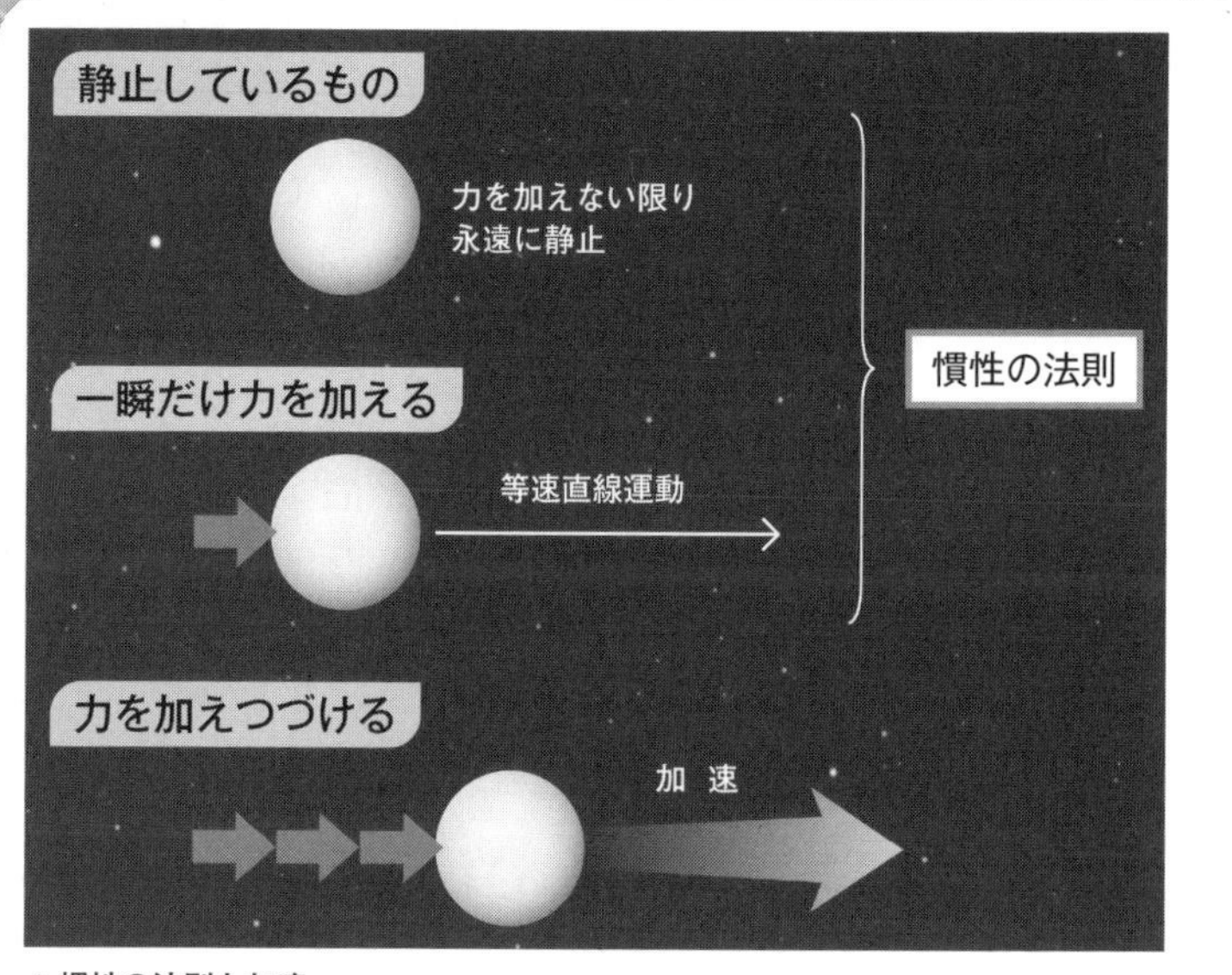

▲慣性の法則と加速。

運動について

先ほども述べましたが、物体は、外力が加えられるまで、静止または**等速直線運動**を続けます（**慣性の法則**）。私たちの日常では、たとえば床に転がしたボールは、やがて減速して停止しますが、これは、床の**摩擦力**（まさつ）などがはたらくためです。しかし、**真空**で無重力の宇宙空間にボールを放つと、ボールは力を加えなくても等速で進みつづけます。

さらに力を加えると、**加速**（速度の変化）が起こります。単位時間（1秒、1分、1時間といった、決まった長さの時間）あたりの速度の変化率を、**加速度**といいます。加える力が大きいほど、加速度も大きくなります。

04 波はどんな性質をもっているか

音や光の分析にも必須の知識

音も光も「波」だった！

物理学は、ボールのような物体の運動だけではなく、たとえば、ボールよりもつかみどころがなさそうに見える、音や光も扱います。

音も光も、振動しつつ空間を伝わる**波**（**波動**）の性質をもちます。光は、さえぎるものがない限り直進しますが、微視的なスケールでは、波としての性質ももっているのです。

波には、進行方向に振動する**縦波**（**粗密波**）と、垂直に振動する**横波**があります。音は（ほとんどの場合）縦波、光は横波です。

波の要素・媒質・干渉

波を分析する際は、縦波であっても、**山**や**谷**がはっきり見える横波のような図に変換すると、考えやすくなります（進行方向への振動を垂直方向に置き換えれば変換できます）。

波は、**波長**（1回振動する間に進む距離）、**振動数**（単位時間あたりに振動する回数）、**速さ**（単位時間あたりに進む距離）、**振幅**（振動の大きさ）によって定義されます。

空間の中で波を伝えるものを、**媒質**といいます。波には、媒質を必要とするものと、必

縦波

密　疎

横波

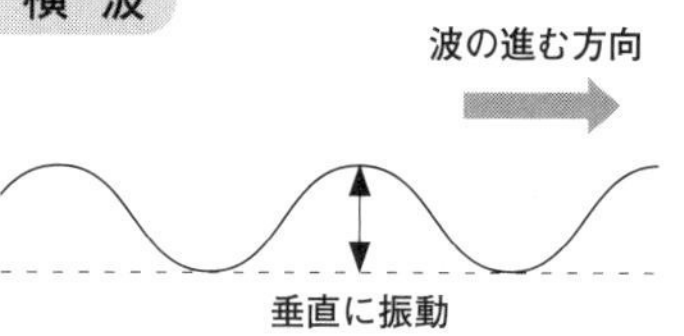

波の基本要素

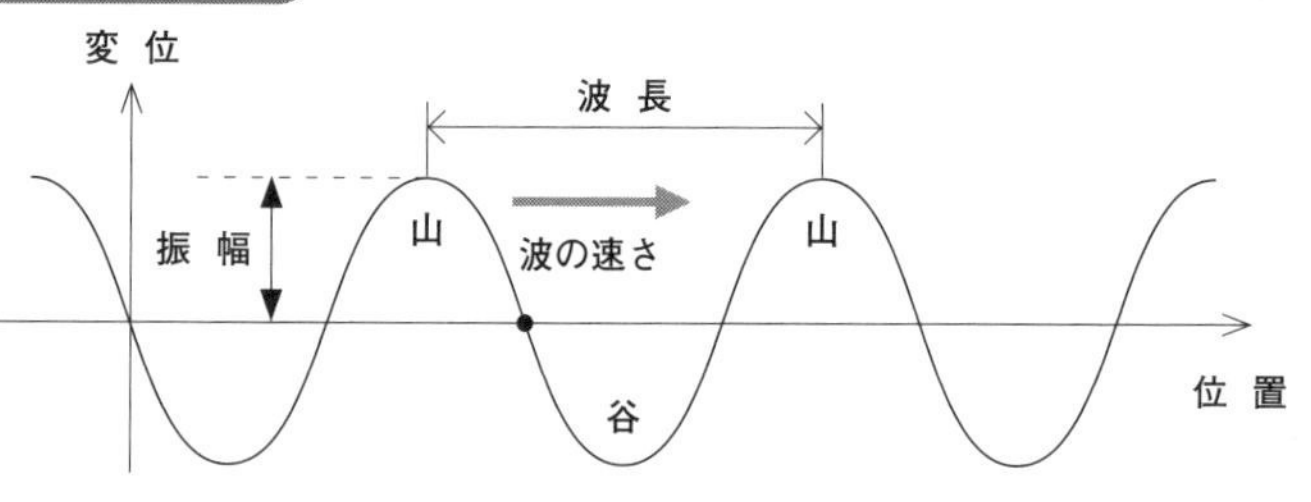

▲縦波と横波（上）と、波の基本要素（下）。

要としないものがあります。音は気体・液体・個体を媒質として伝わりますが、光は媒質なしで伝わります。

また、複数の波が重なり合い、新しい波形が生じることを、波の**干渉**（かんしょう）といいます。

▼波の干渉。山と山、谷と谷が合わさると、「強め合う干渉」となり、山と谷が合わさると「弱め合う干渉」となる。

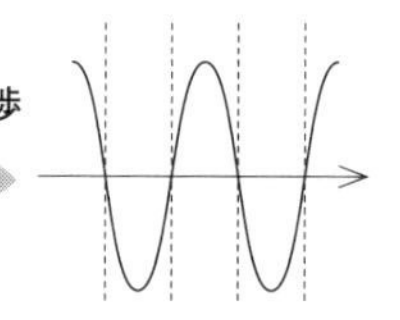

05 電気と磁気の世界

正体をさぐると原子の内部構造へ！

電磁気の正体は？

私たちの身のまわりの物質は、目に見えない小さな**分子**が結合してできており、その分子は、もっと小さな**原子**からできています。さらに原子は、**原子核**のまわりに**電子**が分布するという内部構造をもっています。

そして、この原子核と電子を結合しているのが、**電磁相互作用**（**電磁気力**）です（196ページ参照）。これこそ、私たちが普段、**電気**や**磁気**と呼んでいるもの（**電磁気**）の正体です。物理学は、電磁気も扱います。

▼原子核と電子の間には、電磁相互作用がはたらく。

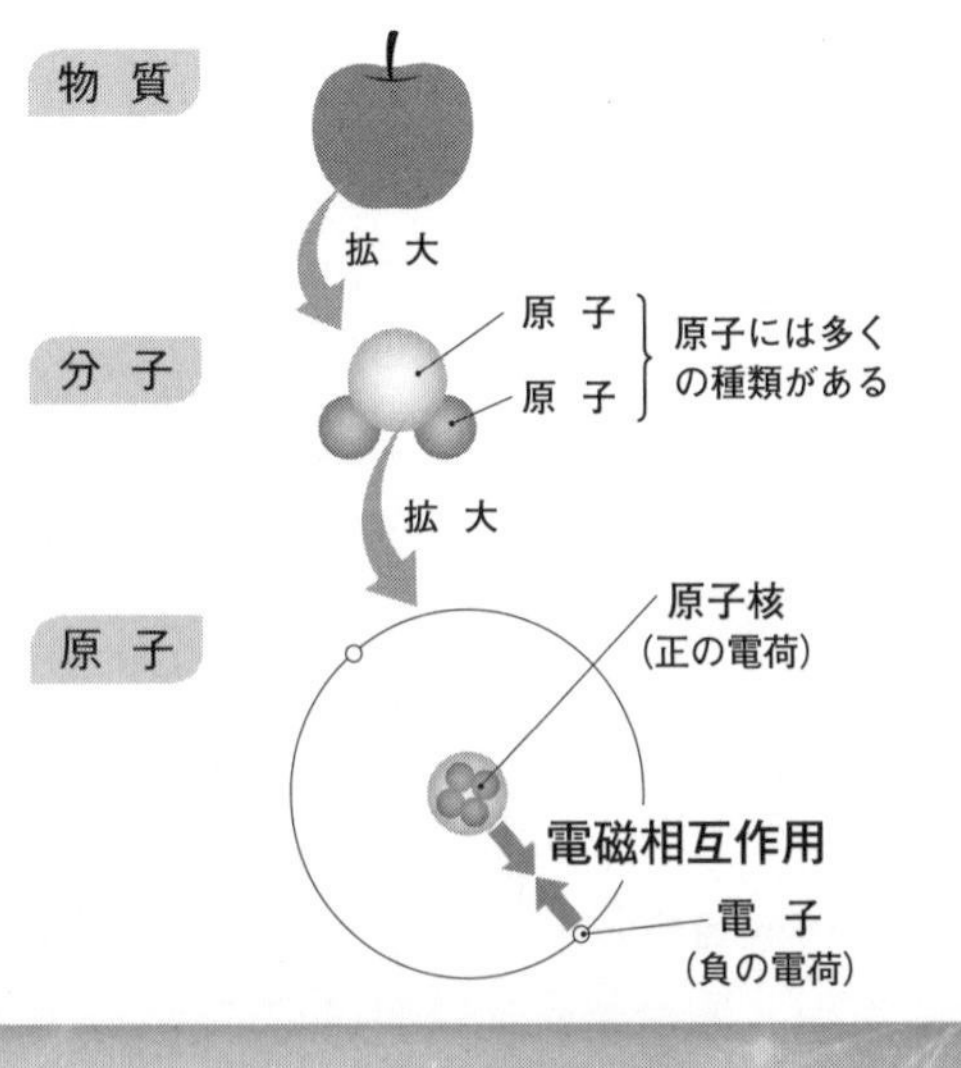

電荷と電流

電子などは、**電荷**(でんか)という性質をもちます。電荷には正（プラス）と負（マイナス）があり、正の電荷と負の電荷の間には**引力**が、正どうしまたは負どうしの間には**斥力**(せきりょく)（反発する力）が生じます（原子核と電子も、正と負の電荷で引き合っています）。この正の電荷と負の電荷が、電気の**＋極**(プラスきょく)と**－極**(マイナス)、磁気の**N極**と**S極**に、それぞれ対応します。

電気では「＋極から－極へ電気が流れる」と考えるように決められており、この電気の流れを**電流**といいます。実際は、電流の正体は、**－極から＋極に向けて電子が移動する**ことなのですが、電子が発見されたのは、＋極と－極の設定よりもずっとあとでした。「今さら逆にはできない」ということで、電流と電子の流れは反対になっているままです。

▼電気と磁気はどちらも、電磁相互作用の現れ。正の電荷と負の電荷はそれぞれ独立で存在できるのに対し、磁気のN極とS極は独立で存在できないところが、電気と磁気の違いである。

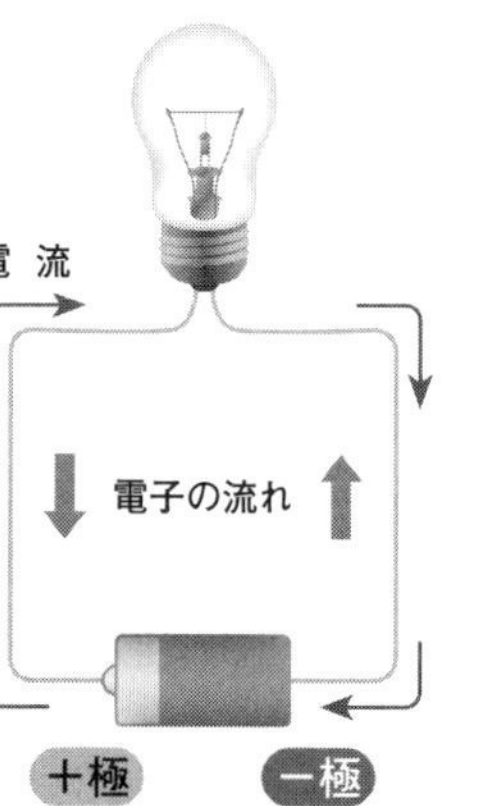

06

電車で考える物理学

慣性の法則と運動の相対性

電車の発進で慣性を体感

ここまで、物理の最も基本的ないくつかのことを押さえました。これからは、身のまわりのさまざまなことがらに目を向けて、そこにはたらいている物理を取り上げていきます。私たちが利用する乗り物は、物理学を知ると、よりいっそう興味深く見えてきます。

電車に乗り込んで、停まっていた電車が動き出すとき、進行方向と逆の向きに倒れそうになった経験はないでしょうか。そのようなできごとは、**慣性の法則**（14ページ参照）で

▼電車の発進。右向きの加速に対し、左向きの慣性力がはたらく。

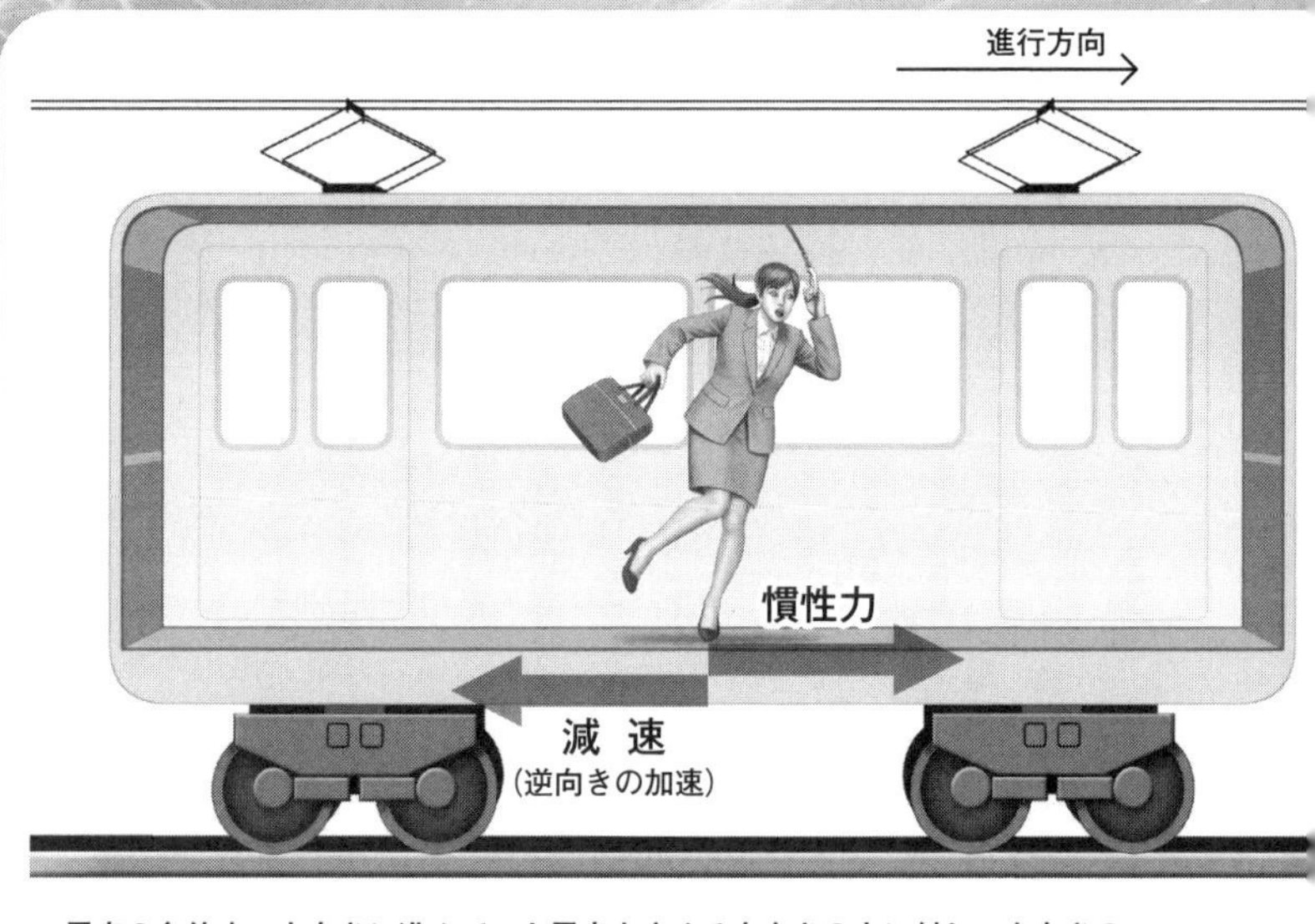

▲電車の急停止。右向きに進んでいた電車を止める左向きの力に対し、右向きの慣性力がはたらく。

説明できます。

電車が運動しようとするのに対して、乗っている人は**慣性**で静止しつづけようとします。このギャップにより、まるで進行方向と逆向きの力が、乗っている人にはたらくように感じます。このように、慣性によって生じる力を、**慣性力**といいます。電車が発進するとき、私たちは慣性力のせいでよろけているのです。

慣性系と加速度系

逆に、走行中の電車で急ブレーキがかけられると、乗っている人は進行方向によろけます。これはなぜでしょうか。

ブレーキは電車を止めようとし、進行方向

と逆の向きの力を、車体にはたらかせます。これに対し、乗っている人は慣性で、進行方向に運動しつづけようとします。ゆえにここでは、進行方向への慣性力が発生するのです。

ここまでの電車の話で、停止または等速で走行している電車の内部に注目しましょう。たとえば電車の床に置かれたボールは、何の力も加えられなければ同じ場所にとどまりますし、力を加えられれば等速直線運動を維持しようとします（実際は**摩擦力**のせいで減速しますが）。つまり、そこには慣性の法則が成り立っています。このような、慣性の法則が成立するまとまりを、**慣性系**といいます。

一方、地面を慣性系と（厳密には違うのですが、近似的に）みなすとき、これに対して電車の車体は、加速・減速（逆向きの加速）します。このように、慣性系に対して加速度運動をするまとまりを、**加速度系**（非慣性系）といいます。

ガリレイ変換と相対性原理

ここで問題です。時速50キロで等速走行する電車内で、電車の進行方向に向けて、野球のピッチャーが時速160キロの直球を投げたとします。ちょうどそのとき、電車の外からそれを見ている監督がいました。監督にとって、ボールは時速何キロでしょうか?

もし電車が止まっていたとしたら、外から見る監督にとってもボールは時速160キロですが、電車自体が進んでいますから、その

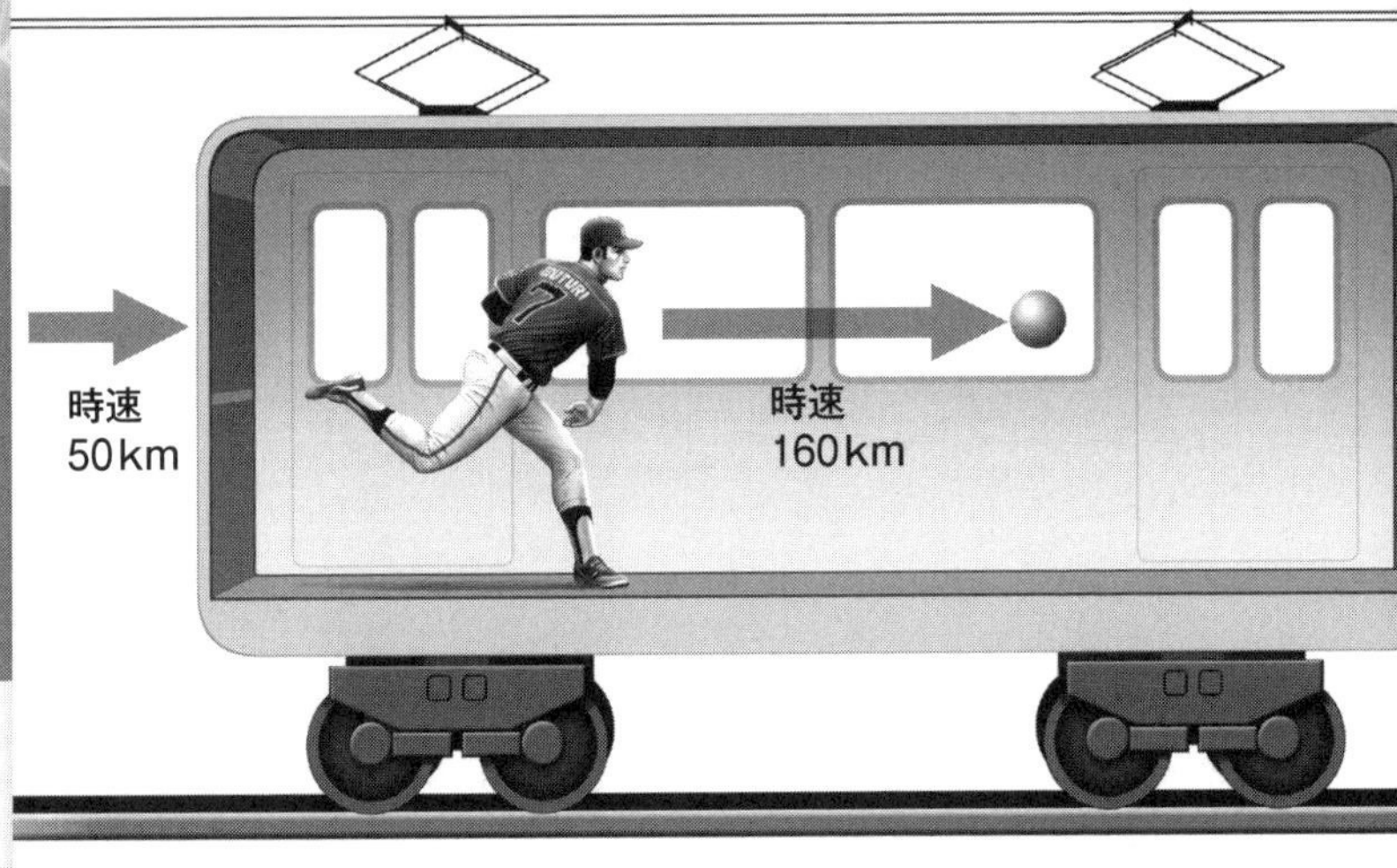

▲時速 50km で等速直線運動している電車の中は「慣性系」となっており、電車の中の人は「時速 50km」を「静止状態」だと思っている。電車の中で、進行方向に向けて時速 160km のボールを投げるとき、電車の外からそのボールを見ると、50 + 160 で「時速 210km」に見える（速度の合成）。

分さらに速く見えるはずですね。こういう場合、外の監督に対するボールの速度は普通、

50＋160=210（km/時）

というふうに計算されます。

この計算は、「時速50キロで等速運動する電車内」という慣性系での運動を、「電車の外の監督が立っている地面」という別の慣性系の中に、単純な足し算によって位置づけ直す操作だといえます。このような操作を**ガリレイ変換**といいます。ガリレイ変換の前提になっているのは、「あらゆる慣性系において同じ物理法則が成り立つ」とする、**ガリレイの相対性原理**という考え方です。

ガリレイ変換は、私たちの日常的な常識としては妥当（だとう）です。ただし、**光速に近い速度の運動には通用しない**こともわかっています。

07 飛行機はなぜ飛べるのか？

流体の中で発生する揚力がポイント！

空気との作用・反作用

気体なり液体なり、流れをもちうるもの（個体ではないもの）を**流体**といいますが、流体の中に置かれた物体は、流れによって押されます。つまり力を受けるわけです。

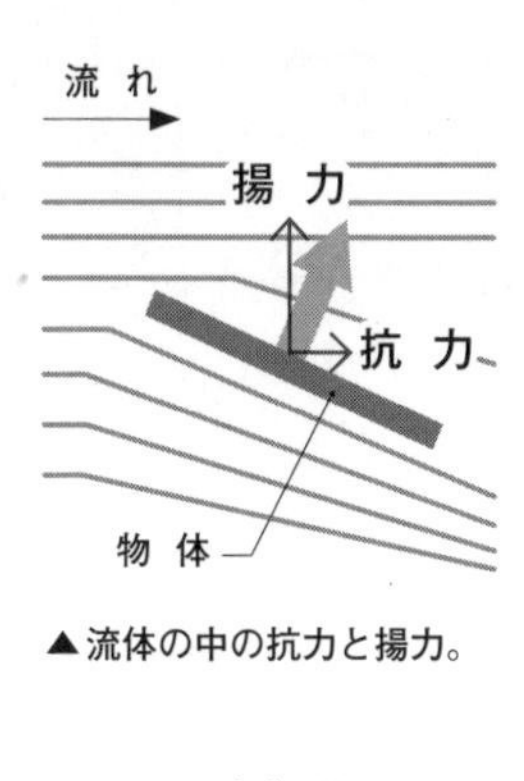

▲流体の中の抗力と揚力。

この力を、流れの進行方向に平行な成分と垂直な成分に**分解**（36ページ参照）したとき、平行な成分を**抗力**といい、垂直な成分を**揚力**といいます。

飛行機は、この揚力が重力よりも大きいときに、空に浮くことができます。

飛行機の翼は、細長い涙のような形状をしています。これは、空気をうまく翼の下へ押しやることができるように設計されています。

ここで登場するのが、**作用・反作用の法則**（98ページ参照）です。翼が空気を下向きに押すと（**作用**）、空気のほうでも翼を逆向きに（つまり、上向きに）押します（**反作用**）。この、空気による反作用から、揚力は発生します。

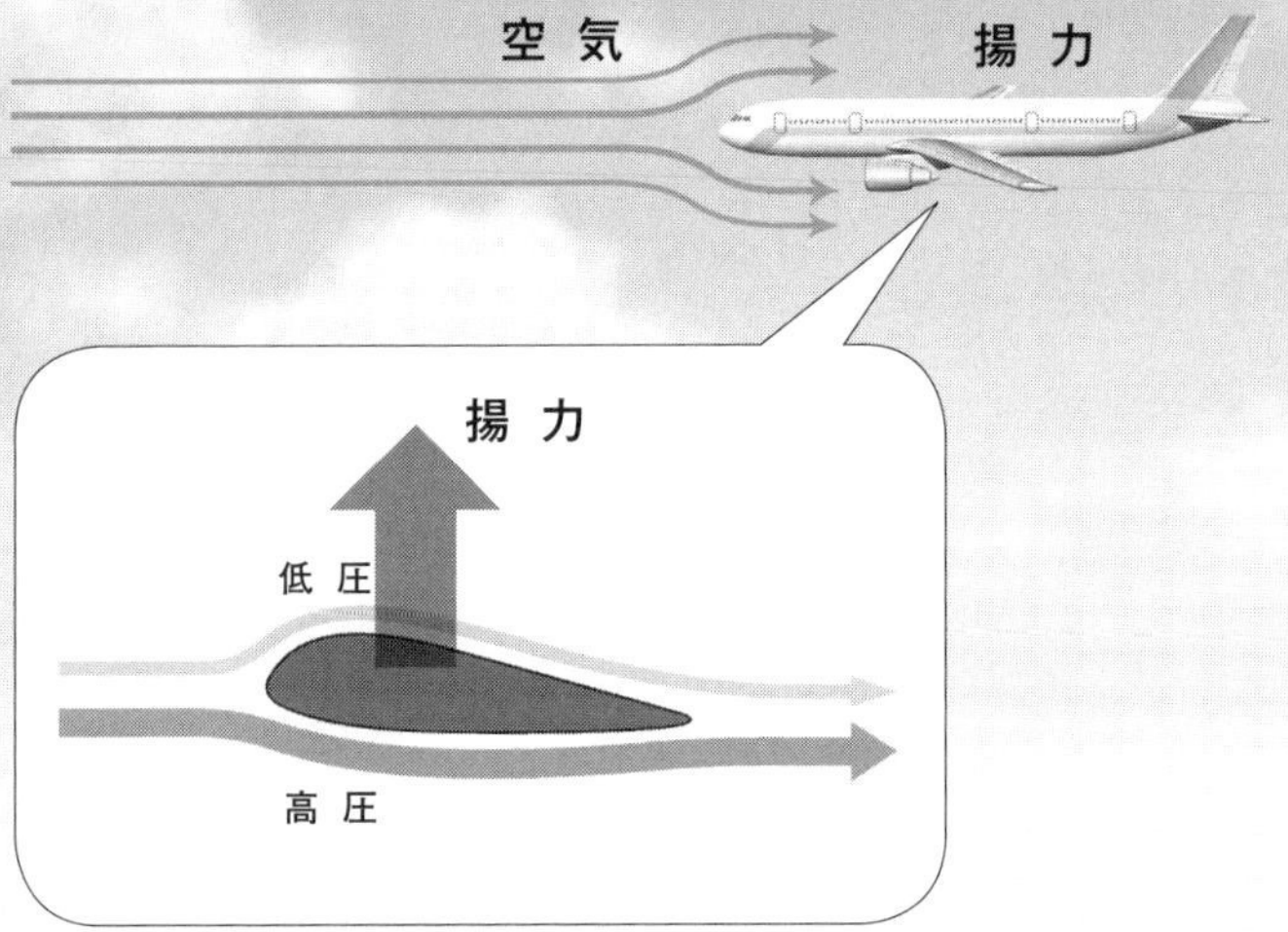

▲飛行機は、空気の圧力の差から生まれる揚力によって飛ぶ。

空気の圧力の差

空気を押し下げた反作用を、飛行機の翼がどのようにして受けるのかは、空気の圧力という観点から説明できます。

圧力とは、ある面に力がはたらいているとき、単位面積（一定の決まった広さ）あたりに垂直にはたらく力の大きさです。そして、空気によって生じる圧力を**気圧**といいます。

飛行機の翼は、空気の流れを絶妙に変えて、翼の上側の気圧が低く、下側の気圧が高くなるように設計されています。こうして生じる**圧力差**によって、翼は上向きの揚力を受けるのです。この空気の流れと圧力との関係は、**ベルヌーイの定理**という物理理論によって計算されます。

08 船はなぜ水に浮くのか?

アルキメデスの原理で浮力がはたらく!

水圧の差が浮力の正体

空気の話のあとは、水の話をしましょう。

水に沈んだ物体は、自らが押しのけた水の重さの分だけ、上向きの**浮力**(ふりょく)という力を受けて浮かぼうとします。これを**アルキメデスの原理**といいますが(55ページ参照)、ここで生じている浮力の正体は何でしょうか。

水の中にある物体は、水による圧力、つまり**水圧**を受けます。この水圧は、水中の物体よりも上にある水の重み(重力)から発生するものであり、全方向から物体を押しています。物体が水中深くにあるほど、上にある水が多いため、水圧は大きくなります。

ここで、水中の物体の上端と下端を考えると、上端は上から、下端は下から、水圧を受けていますが、下端のほうが水中深くにあるわけですから、下端を下から押す水圧のほうが、上端を上から押す水圧よりも、強くなるはずです。この水圧の差こそが、浮力なのです。

▲水中の物体にはたらく浮力。

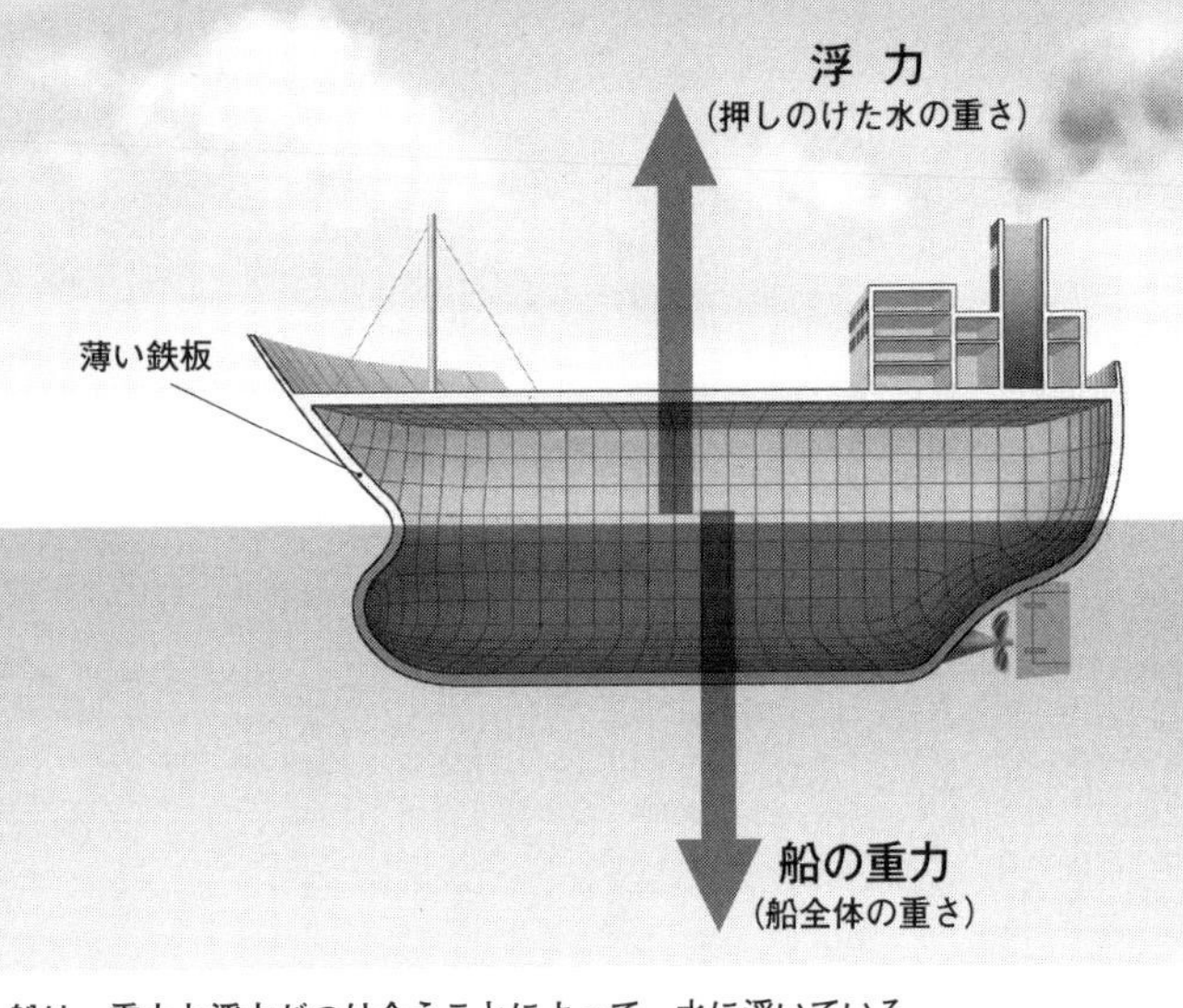

▲船は、重力と浮力がつり合うことによって、水に浮いている。

浮き沈みと密度の関係

もちろん、浮力がはたらいているからといって、すべての物体が水に浮くわけではありません。物体にはたらく**重力**が、浮力よりも大きいときは沈み、小さいときは浮くのです。

これを左右するのが**密度**(みつど)です。密度とは、物体の質量を体積で割ったもの、つまり、「ある決まった大きさの中に、どれだけみっちりと中身が詰まっているか」を表す度合いです。

密度の大きい物体は沈みやすく、小さい物体は浮きやすいのですが、では、密度の大きな鉄でできた船は、なぜ水に浮くのでしょうか?

じつは、船の中身は空洞になっているのです。そのため、浮力と重力がつり合うのです。

09 リニアモーターカーの原理

電磁気力で浮かせて前進させる！

リニアはどうやって前進するのか

リニアモーターカーの原理は**電磁気力**です。

車体をはさんで左右の壁に、電磁石の**推進コイル**が並びます。車体には、**超電導磁石**という強力な永久磁石が搭載されています。

電流を流すと、N極やS極が発生します。

車体の超電導磁石はN極とS極が固定され、線路側の電磁石は、車体が通過するタイミングに合わせてN極とS極が切り替わります。

N極とS極が引き合う力と、同じ極どうしが反発する力により、車両が前進します。

進む原理

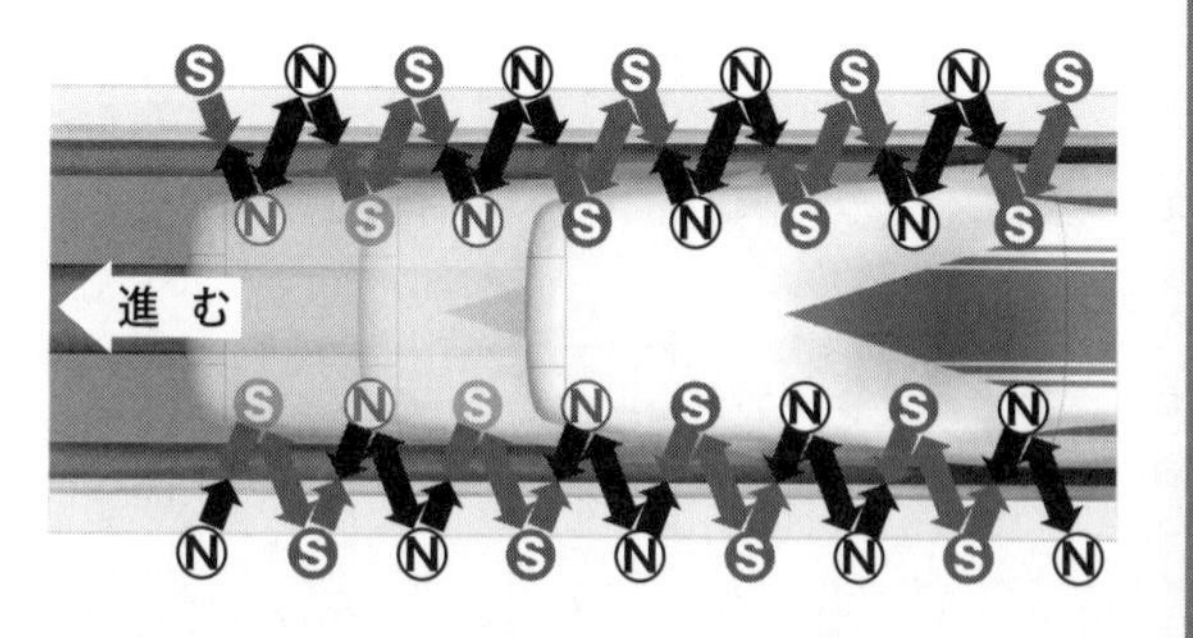

▲車体の超電導磁石の「超電導」とは、ある種の物質を一定温度以下としたとき、電気抵抗（32ページ参照）がゼロになる現象である。一度電流を流すと、電気抵抗がないので、電流はコイルの中を半永久的に流れつづけ、強力な磁界が発生する。

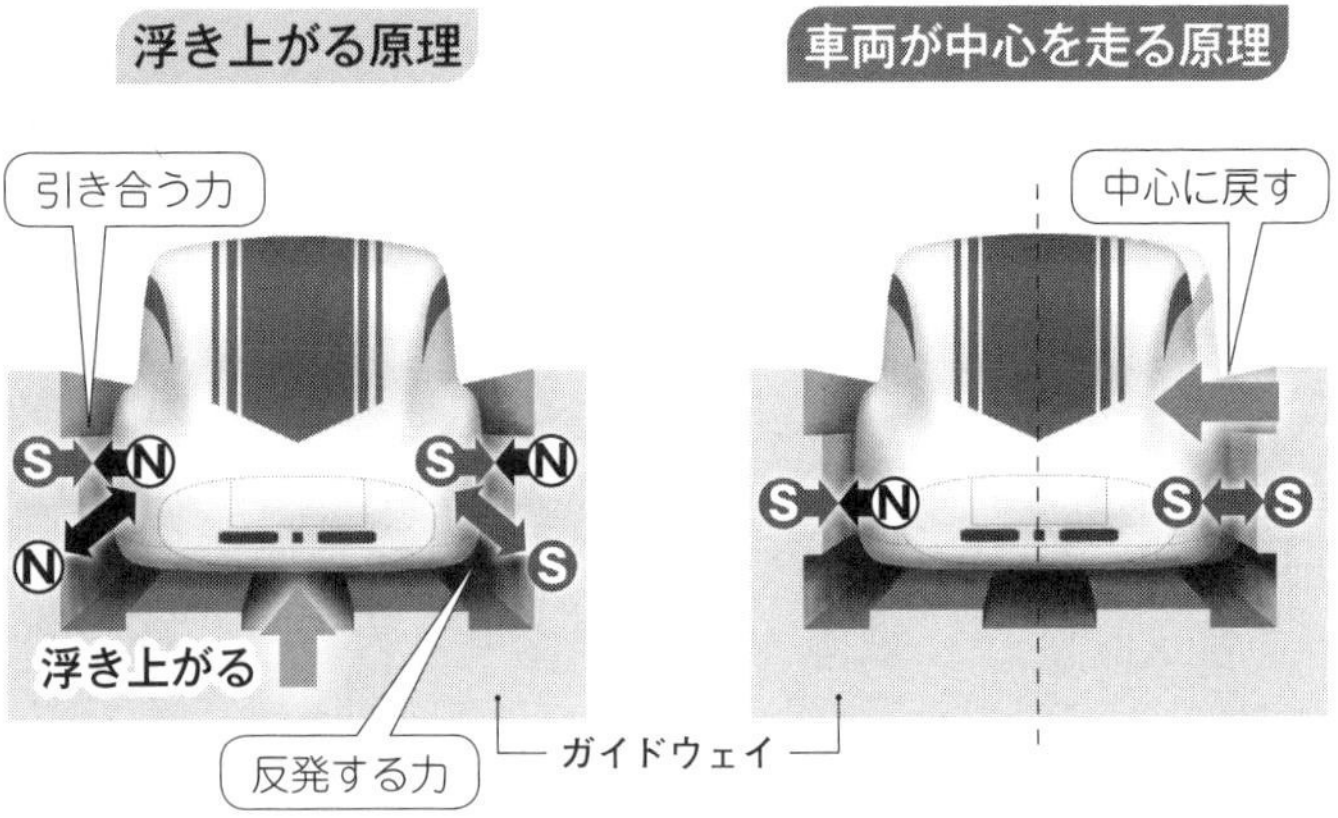

浮き上がる原理

引き合う力
S N S N
N S
浮き上がる
反発する力
ガイドウェイ

車両が中心を走る原理

中心に戻す
S N S S

▲浮上することにより、リニアモーターカーは高速で走ることができる。

浮上・案内コイルで高速走行！

車輪とレールで走行する通常の列車では、ある一定の速度になると車輪が空転して速度が出なくなりますが、リニアモーターカーは**浮上**するので、その問題がなく、時速600キロ以上というスピードが出せます。

車体が浮上し、かつ壁に沿って走行するように、推進コイルの上には、浮上させるためのコイルと案内するためのコイルがついています。それらは上部と下部が分かれており、電極が反対になります。上部の電極で車体を引きつけて壁に沿うように誘導し、下部の電極で車体を反発させて車体を浮上させ、かつ壁にぶつからないように制御しているのです。

10

カーナビと相対性理論

時間は速くなる？　遅くなる？

自分の位置を特定する方法は？

自動車のカーナビゲーション・システム（カーナビ）では、人工衛星（GPS衛星）からの情報により、自分の位置を知ることができます。

自分の位置の特定には、原理的に、3つ以上の衛星との通信が必要です。

まず、電波を使って、ひとつの衛星と地上のカーナビとの距離を計算します。次に、衛星からその距離にある、地球表面の地点をつなぐと、円の形になります。

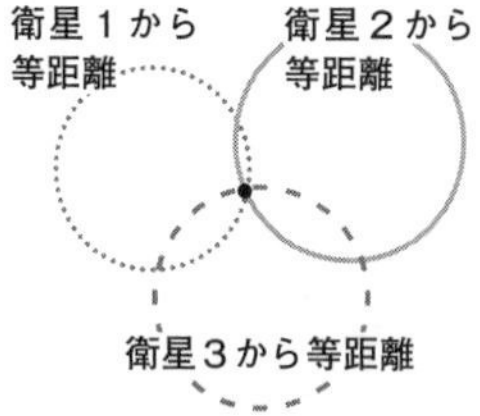

これを、ほかの衛星との間でも行います。そうすると、3つ以上の円が交わる点として、自分の位置がわかるのです。

▲位置特定の仕組み。

相対性理論との意外な関係

GPS衛星による距離測定は、じつは緻密（ちみつ）な計算によって手を加えないと、正しいものにはなりません。なぜなら、地上と衛星では

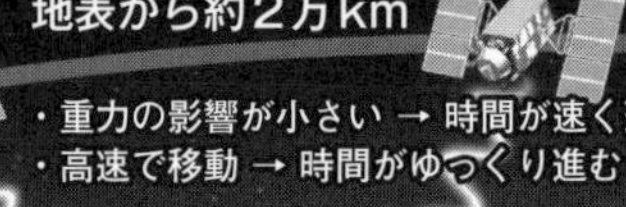

▲ＧＰＳ衛星は、トータルでは時間が速くなり、その分を計算に入れて補正している。

時間の流れ方が違っているからです。そのことは、**アインシュタイン**の**特殊相対性理論**（158ページ参照）と**一般相対性理論**（172ページ参照）によってわかります。相対性理論とは、「時間と空間は絶対不変のものではない」とする理論です。

特殊相対性理論では、ものの運動速度が速くなり、光の速度に近づくと、時間の進み方が遅くなります。一方、**一般相対性理論**では、重力が小さいと時間の進み方が速くなります。重力の小さい上空を、高速で移動するＧＰＳ衛星には、相対性理論で計算した補正を適用しなければならないのです。

ＧＰＳ衛星にはそのほかにも、大気による影響の補正など、あらゆる物理理論が利用されており、物理学の結晶といえます。

第2章 第3章 第4章 第5章 第6章 第7章

11 照明器具が光る仕組み

なぜ電気から光を作れるのか？

白熱電球は電気抵抗で光る

私たちの暮らしを照らす照明器具にも、物理学の成果が活かされています。

現代の照明器具には、電気が使われます。**白熱電球**（はくねつでんきゅう）は、**電気抵抗**を利用した照明です。電気抵抗とは、**電流**（19ページ参照）**の流れにくさ**（電流と逆の向きに移動しようとする**電子**の動きをじゃまするはたらき）のことです。

金属を**フィラメント**という細長い形にすると、電気抵抗が大きくなり、そこに電気を通すと、電子の摩擦によって熱が発生します。

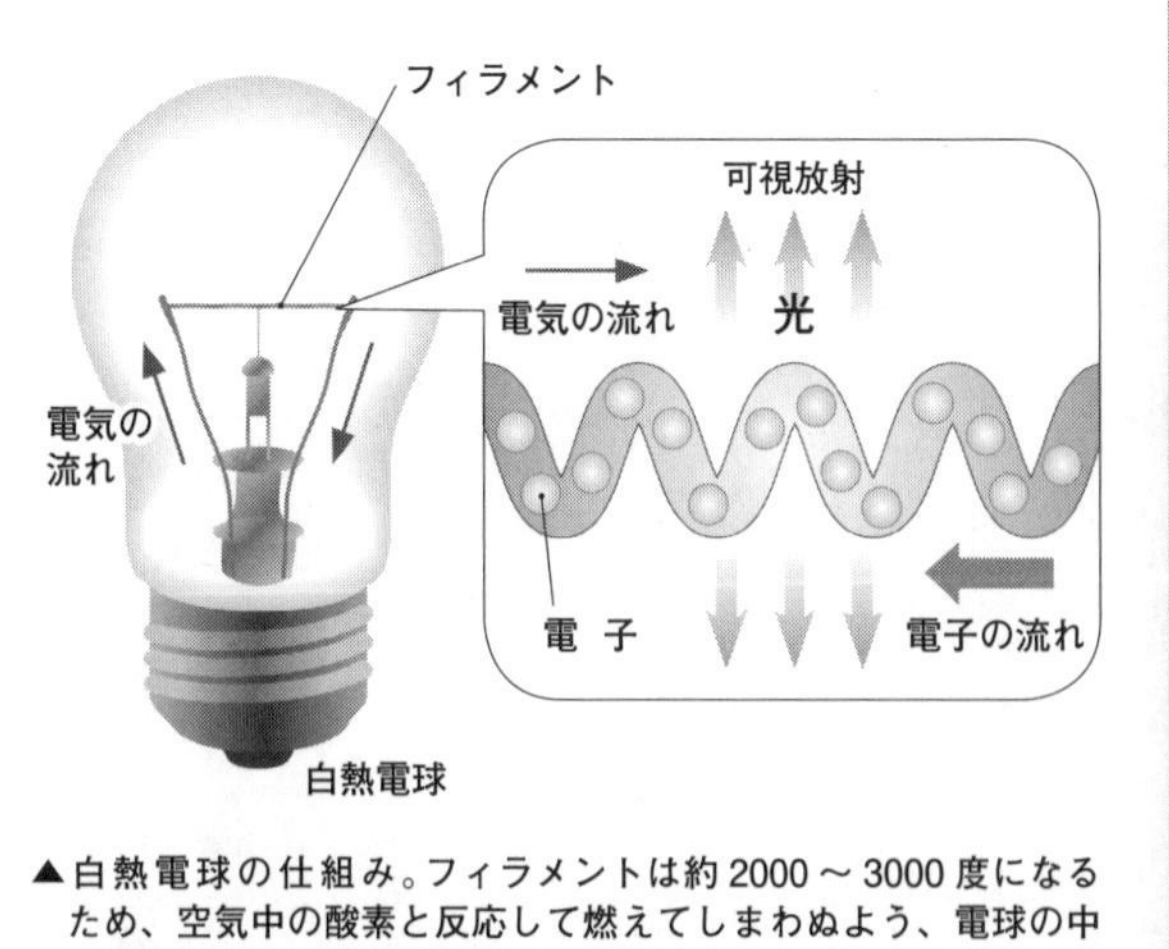

▲白熱電球の仕組み。フィラメントは約2000～3000度になるため、空気中の酸素と反応して燃えてしまわぬよう、電球の中は真空にしているか、窒素やアルゴン、クリプトンなど不活性ガスを充満させている。

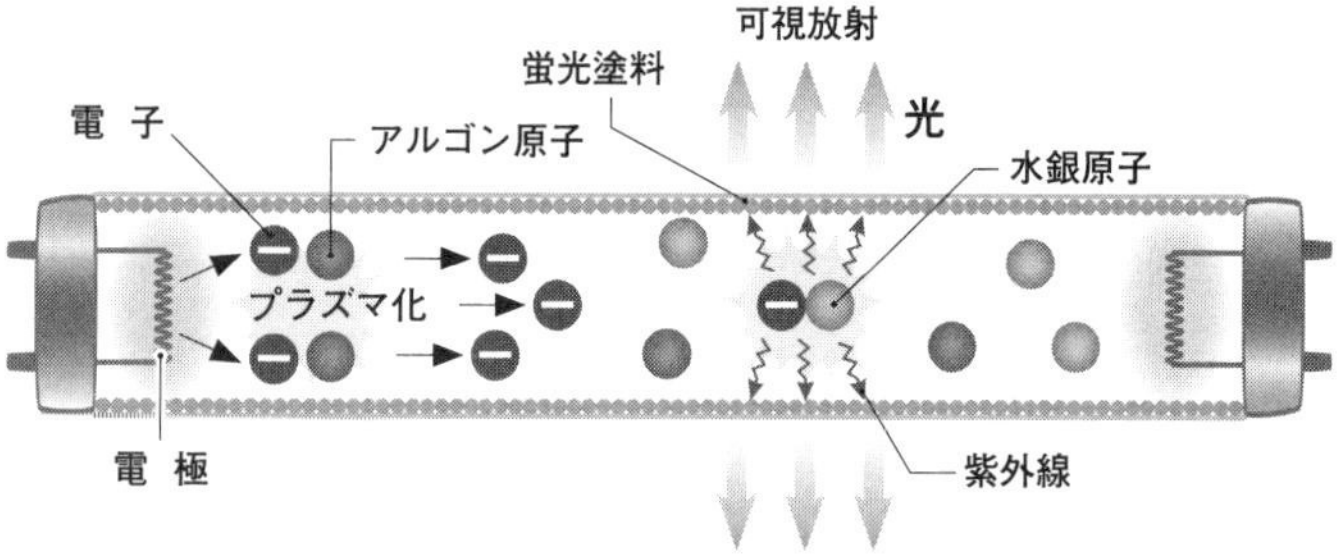

▲蛍光灯の仕組み。水銀原子に電子をぶつけて紫外線を出させ、その紫外線に、蛍光塗料を通過させることで、光を発する。

金属は温度が高くなるにつれ、赤→黄→白の光を発する性質があります。白熱電球は、白い光を発するように調整されたフィラメントで作られています。

蛍光灯にはプラズマ状態がかかわっている

真空に近い状態にしたガラス管に、**水銀**と**アルゴン**を封入(ふうにゅう)し、両端にフィラメントを設置、そして内側に**蛍光物質**を塗(ぬ)ったものが、**蛍光灯**(けいこうとう)の構造です。

この両端に電気を流すと、フィラメントから**電子**が飛び出して反対側へ移動するという現象が起きます。すると、電子はまずアルゴンとぶつかって温度を上げます。

物質は温度の上昇にともなって、**固体**→**液体**→**気体**と変化することはよく知られていますが、さらに高温になると**プラズマ**に変わります。これは、原子が原子核と電子に分かれて浮かんでいる状態です。
アルゴンの温度が上がりプラズマになると、そこで発生した大量の電子が、水銀にぶつかります。水銀原子は、電子とぶつかると**紫外線**を出す性質があります。その紫外線が蛍光物質を通過すると、人間の目に見える光に変わります。このように、蛍光灯は複数の段階を経て光っているのです。

LEDの正体は?

電気を通す**導体**と、電気を通さない**絶縁体**の、中間の性質をもつ物質を、**半導体**といいます。これは、条件によって電気を通したり通さなかったりします。近年、照明器具として人気のLEDには、2種類の半導体が用いられています。

N型半導体は、内部で**電子**が余っています。**P型半導体**は逆に、電子が入るための**ホール**という空間が余分にあり、このホールは移動することができます。

これらのふたつの半導体を接合し、N型のほうに新しい電子が入ってくるような方向へ電気を流すと、中央でホールに電子が入りこみ、バランスを取るためにP型の反対側で新しい穴があいて、電子がまっすぐ通過したのと同じことになります。ただし、接合の境目には余分な力がかかるため、電気エネルギーの一部が、光に変わって飛び出します。

半導体を構成する物質の種類によって、この接合部分でかかる力が異なり、放射する光

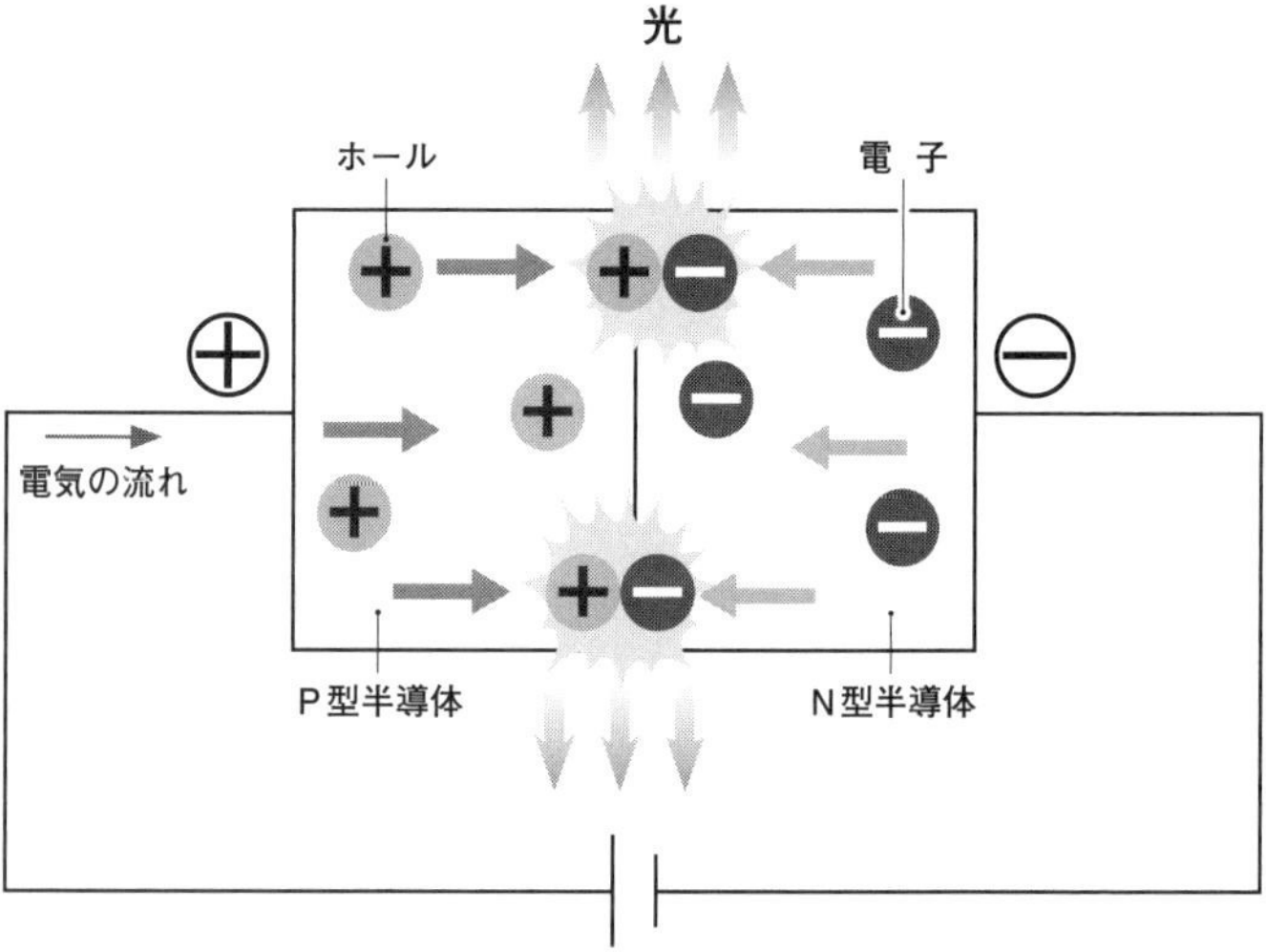

▲ＬＥＤの仕組み。ＬＥＤは、電気を直接光に変換するので、白熱電球や蛍光灯よりも効率がよく、省エネルギーの照明器具として普及した。

の色の違いとなって現れます。１９６０年代、最初にＬＥＤが発明された時は赤色の光しか出すことができませんでしたが、１９９０年代までかかって製造技術が進化した結果、照明に使える白色の光にたどり着きました。

日常で照明として使う製品で、最も寿命が長いのはＬＥＤです。

たとえば白熱電球は、電気のエネルギーを熱エネルギーにしてから光のエネルギーに変換しているため、効率が悪く、フィラメントが少しずつ蒸発して最後には折れてしまいます。それに対して、ＬＥＤは発光の仕組みに高温を必要とせず、電気エネルギーを直接光に変えるため、中心部の損耗がほとんど起こらないのです。メーカーでは、４万時間使えることを謳っています。

12 スキージャンプと物理学

力の平行四辺形の法則が隠されていた！

力の平行四辺形

スポーツも、物理を知ると、より深く楽しむことができます。

スキーのジャンプ競技では、着地点よりも40〜60メートルも高いところから、選手が飛び出していきます。この高さのビルから落下すると、まず即死するほどの衝撃(しょうげき)を受けるでしょうが、スキージャンプ選手は普通、ケガをしません。なぜでしょうか。

この疑問を解くには、力の**平行四辺形の法則**を知る必要があります。

1点にはたらくふたつの力は、それらを2辺とする平行四辺形の対角線で表されるひとつの力に**合成**できます。また逆に、ひとつの力は、それを対角線とする平行四辺形の2辺に**分解**できます。分解の際は、特殊な長方形（すべての内角が直角である、平行四辺形）にすることも多いです。

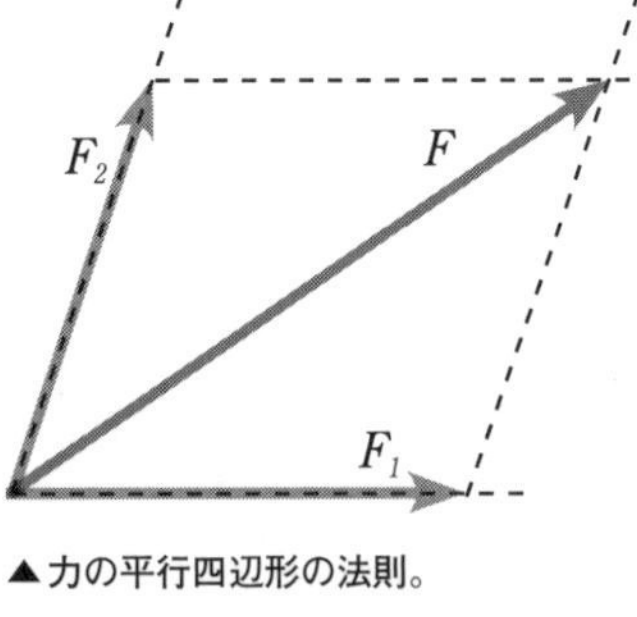

▲力の平行四辺形の法則。

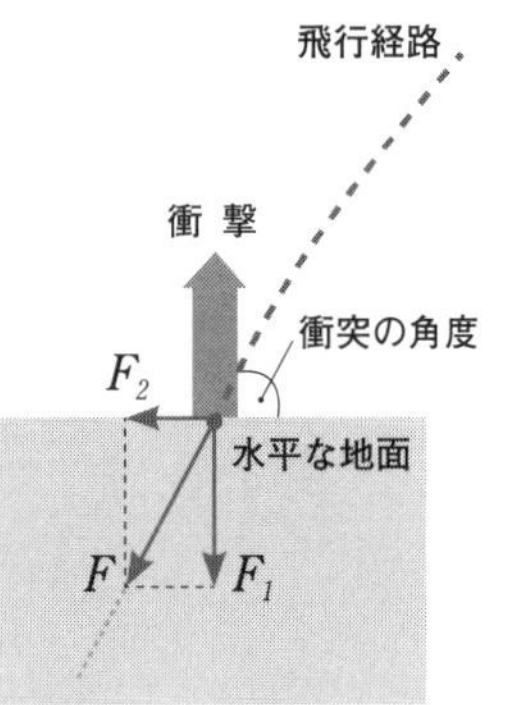

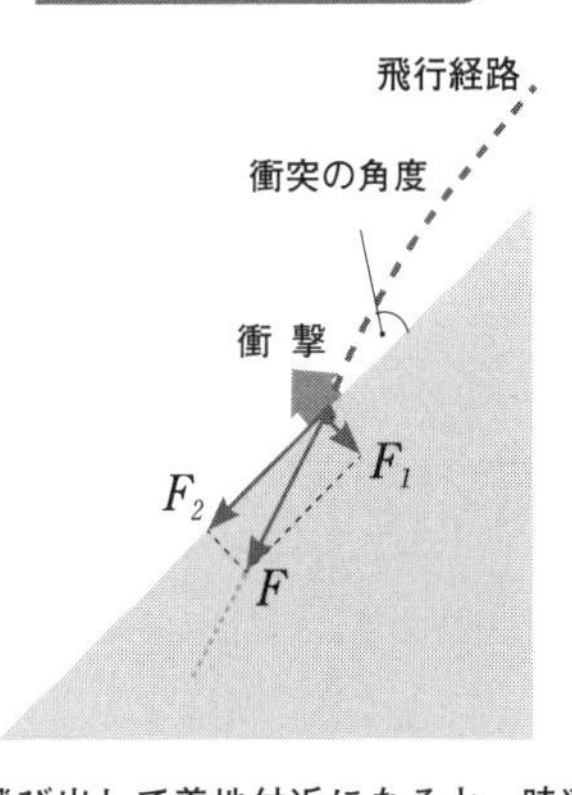

▲ジャンパーの速度は、ジャンプ台から飛び出して着地付近になると、時速100km ほどになるといわれる。その速度が着地のときに衝撃に変わるが、地面に衝突する角度を変えることで、衝撃を小さくすることができる。

力の分解

この力の平行四辺形の法則を、スキージャンプの着地に当てはめてみましょう。上図のように、ジャンプ選手が地面に衝突（しょうとつ）した力Fは、地面に垂直な成分 F_1 と、地面に平行な成分 F_2 に分解できます。F_2 の成分は、選手が地面に沿って移動する力になりますが、F_1 の成分は、地面から逆向きに出る衝撃としての**反作用**を生みます（98ページ参照）。

もし、着地点が水平な面になっていたら、衝撃は耐えられないほど大きいでしょう。しかし、着地点は傾斜（けいしゃ）がついており、衝突したときの力のほとんどを、地面に沿った方向に流せるようになっているのです。

13 スケートのスピンと物理学

花形競技にはどんな法則がはたらくのか？

回転をどう考えるか

私たちが中学校や高校で学習する物理での、物体の運動のほとんどは、じつはある意味で数学的・抽象的なものです。というのも、そこで考えられているのは、「大きさ」をもたない点（**質点**といいます）の運動なのです。

大きさをもつ物体の運動をとらえるには、物体自体の回転を考えに入れる必要があります。その回転のエネルギーを、**角運動量**といいます。角運動量について知れば、たとえばフィギュアスケートのスピンも理解できます。

▼フィギュアスケートのスピンの、回転開始直後の状態。

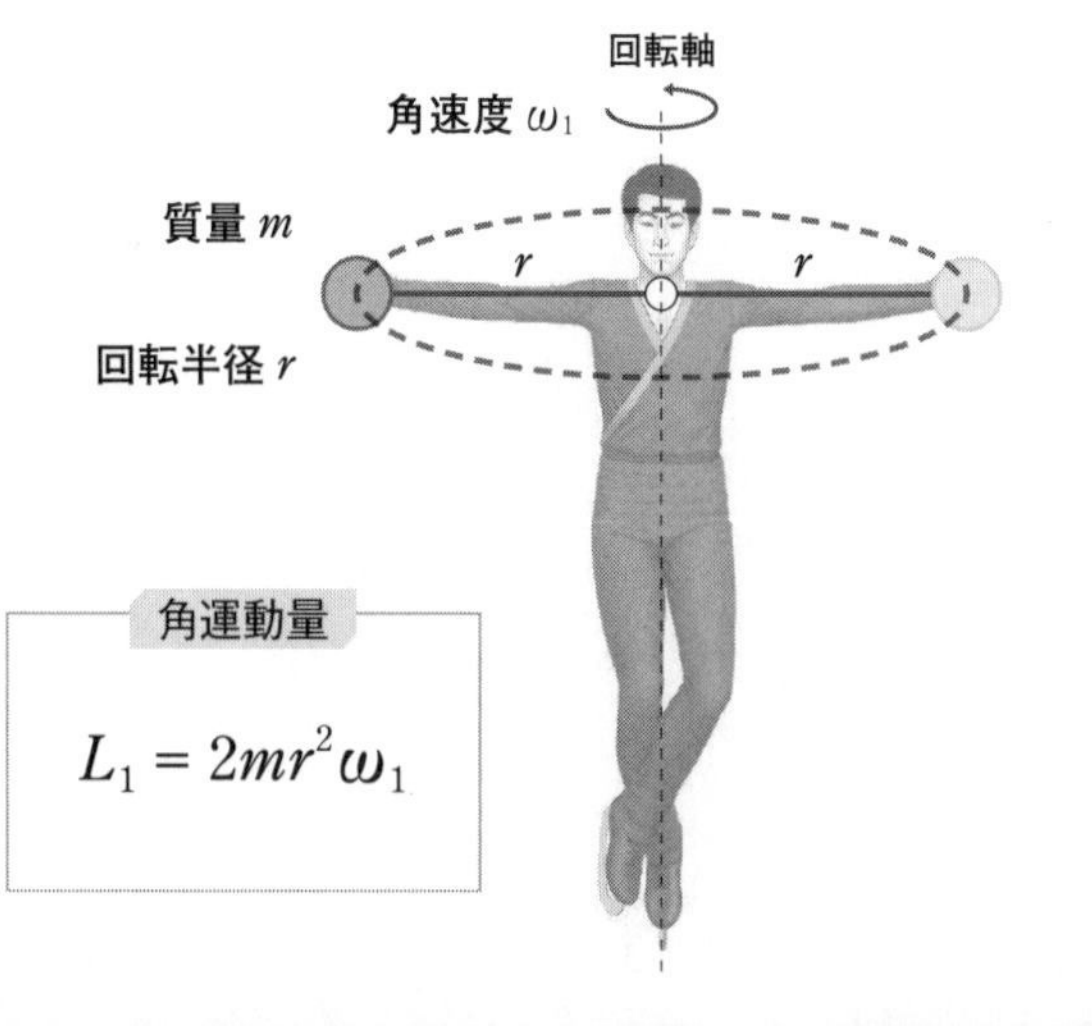

$$L_1 = 2mr^2\omega_1$$

フィギュアスケートの回転は？

フィギュアスケートでは、氷面の摩擦が少ないので、力を加えなければほぼ同じスピードで滑り（すべ）つづけることになります。しかし、スピンの技で、途中から回転が速くなるのをよく見ます。これはなぜでしょうか。

角運動量は、回転の**半径**と、回転速度（**角速度**といいます）に比例します。回転する物体の半径が長く、角速度が速いほど、回転のエネルギーは大きいということです。

スケート選手が一定の角運動量（エネルギー）でスピンしはじめたとき、回転の半径を短くすれば、その分だけ角速度が上がり、角運動量を保とうとします。つまり、回転を始めたときに伸ばしていた腕を、胴体のほうに引きつけると、回転スピードが速くなるのです。

▼フィギュアスケートのスピンで、手を組んだ状態。

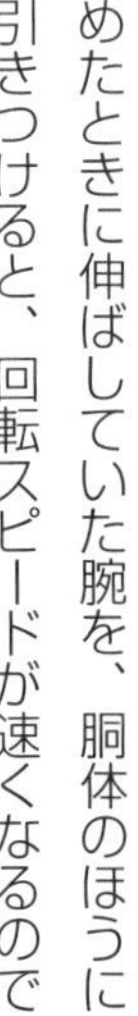
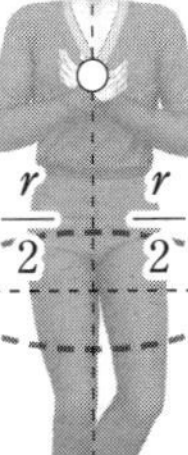
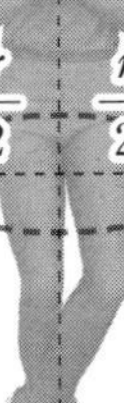

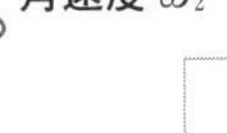
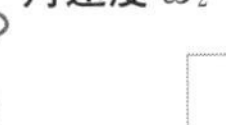

COLUMN 01

重力質量と慣性質量

物体の「重さ」のもとになる**重力質量**は、ニュートンの**万有引力の方程式**に出てきます。一方、物体の「動かしにくさ」の度合いである**慣性質量**は、同じくニュートンの**運動方程式**に出てきます。まったく異なる観点から定義されている2種類の質量ですが、これらは驚くべきことに、等しい値を取ることがわかっています（**等価原理**）。

ここで、質量と重さ（重量）の違いも押さえておきましょう。重さは、場所によって変わります。同じ物体でも、重力の小さい場所（たとえば月面）では重さが減少します。これに対して、**質量はどんな場所でも一定**です。

万有引力の方程式

$$F = G\frac{m_1 m_2}{r^2}$$

重力質量

重力質量が大きいほど、より大きな引力Fが生じる。

F ：万有引力
G ：万有引力定数
m_1, m_2：質量
r ：距離

運動方程式

$$F = ma$$

慣性質量

慣性質量が大きいほど、より大きな力Fが必要になるので、動かしにくい。

F ：加える力
m ：質量
a ：加速度

物理学はどこから始まったか

01 タレスとイオニア自然学

万物の原理を求める学問の始まり

イオニアに生まれた学問

物理学の起源は、多くの場合、古代ギリシアに求められます。

ギリシア本土の対岸、小アジアの**イオニア地方**にあったギリシア人植民都市**ミレトス**は、バビロニアやエジプトなどの進んだ文明との交流が盛んだったこともあり、新しい学問を生み出しました。宇宙や自然の成り立ちを、神話に頼らずに思考し説明しようとする**自然学**です。ミレトスから輩出（はいしゅつ）した自然学者たちを、**ミレトス派**（**イオニア学派**）と呼びます。

▼ギリシアとイオニア地方の地図。

万物の根源は水？

ミレトス派の始祖とされる**タレス**（前624頃～前546年頃）は、日蝕を予言したともいわれる優秀な科学者でした。彼は、**「万物の根源」は水である**と考えたとされます。

ここで「万物の根源」といわれているものは、ギリシア語で**アルケー**といい、自然を生み出す源、あるいは世界を説明することのできる根本的な原理を意味します。

▲ミレトスのタレス。自然学者の祖とされる。アリストテレス（50ページ参照）は、彼を哲学の創始者とみなした。

タレスに限らず、ミレトス派の自然学者たちは、アルケーの探究を行いました。**アナクシマンドロス**（前610頃～前546年）は抽象的な**ト・アペイロン**（無限なもの）を、**アナクシメネス**（前585～前525年）は**空気**を、万物の根源だと考えました。

現代の物理学でも、物質を構成したり力を司ったりする**素粒子**の研究が大きなテーマになっていますが、これもいわば、アルケーの探究です。そういう意味では、イオニア自然学はたしかに、物理学の起源だといえます。

ただし、ミレトス派の考えたアルケーは単なる物質ではなく、万物に生命を与えるものだと考えられており、ある意味、現在の物理学よりも、生物学に近いともいえます。

02 生成消滅・運動変化を全否定!!

自然学に打撃を与えたパルメニデス

ロゴスを突き詰める!

タレス以降、「万有の原理から多様な事物が生成する」という考え方が展開されていきましたが、これに打撃を与えたのが、南イタリアのエレアの人**パルメニデス**（前544頃〜前501年頃）です。彼は**エレア派**という学派の祖とされます。

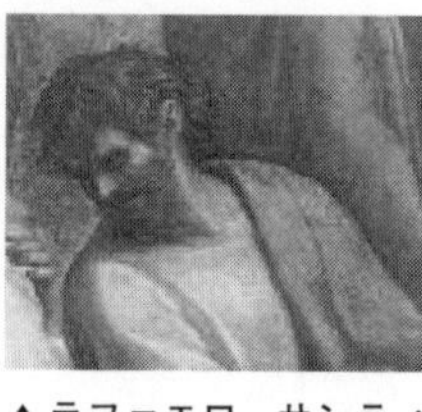

▲ラファエロ・サンティ《アテナイの学堂》に描かれたパルメニデス。

パルメニデスは、理（**ロゴス**）に従って徹底的に考える姿勢を取りました。そして、**「あらぬもの」から「あるもの」が生じるのは不可能**であり、ゆえに、何ものかが発生したり運動・変化が起こったりすることはありえない、との結論に至ります。私たちは日常的な感覚として、何かが発生したり変化したりするのは当然だと思っていますが、パルメニデスは、「理屈で考えれば、常識的感覚を否定せざるをえない」と主張したのです。

彼の主張を受け入れると、アルケーから自然が生じることは不可能になります。自然学者が説いてきた理論が、根本からゆるがされたのです。

エレア派の人々

パルメニデスの弟子**エレアのゼノン**（前490頃〜前430年頃）は、ロゴスを徹底することで奇妙な主張に至る師の方向性を突き詰めます。論理的に正しそうなことを積み上げて、常識的な経験的事実に反する結論を導き出す、いわゆる**パラドックス**（逆説）です。

有名なのは、「アキレスと亀」のパラドックスでしょう（下図）。これは、物理的運動についての常識の矛盾を指摘し、論理的に思考するきっかけを与える逆説だといえます。

パルメニデスのもうひとりの弟子**メリッソス**（前470頃〜?年）は、「あるもの」と「あらぬもの」を区別する師の思考を受け継ぎます。そして、**空虚**（**ケノン**）を「あらぬもの」と定義し、その存在を否定しました。これは物理的には、**真空の否定**を意味します。

▼ゼノンによる「アキレスと亀」のパラドックス。俊足のアキレスが、動きの遅い亀に追いつこうとしても、彼が亀の位置まで移動している間に、亀はほんの少し先に進んでいる。この運動が無限回くり返され、アキレスはいつまでも亀に追いつけない。――ちなみにこのパラドックスは、「アキレスは亀のいる位置までしか動けない」という誤った制限を前提にしたせいで生じたものである。

アキレス
亀
距離は縮まるがなくならない？

03 エンペドクレスと四大元素

万物は4つの元素の組み合わせでできている!?

四大元素とふたつの力

エンペドクレス（前490頃～前430年頃）は、パルメニデスにならって、無から有への生成や有から無への消滅を否定します。しかし、感覚をすべて無意味なものだとは決めつけず、「感覚される現実世界の多様な現象は、永遠に存在する**四大元素**の組み合わせによって姿を現したものだ」と考えました。

四大元素とは**火・空気・水・土**です。ここに、混合をうながす**ピリアー**（愛）と、分離をうながす**ネイコス**（憎）という2種類の力がはたらいて、混合によって見かけ上の生成が、分離によって見かけ上の消滅が起こるのだと、エンペドクレスは主張します。

▼エンペドクレスの四大元素論。エンペドクレスは、宇宙のプロセスを、ピリアーとネイコスの支配が交替する円環ととらえた。

感覚世界の研究

エンペドクレスの四大元素は、それまで自然学者が提唱(ていしょう)してきたアルケーとはひと味違います。ひとつのアルケーから考えると、それがなぜ変化して多様なものを生み出すのか、説明が難しいですが、複数の元素とそこにはたらく力を想定すると、**感覚世界の変化と多様性**を明解に説明できるのです。この四大元素論は、ヨーロッパなどで19世紀ごろまで信じられることになります。

▲エンペドクレス。

彼は**感覚の研究**も行い、たとえば「視覚は、目から光が放たれて対象物に当たることで生じる」としました。現在の光学からすれば誤(あやま)りですが、感覚を研究の対象としたことは、大きな一歩です。

▼エンペドクレスの視覚論。実際は、視覚とは光が目に入ることで生じる感覚なので、間違いである。いわば真逆になっている。

04 古代原子論の誕生

レウキッポスとデモクリトスの斬新な思想

分割できないもの

原子論も、パルメニデスとエレア派のロゴスを乗り越えようとするところから生まれました。普通、**レウキッポス**（前5世紀）が原子論を創始し、**デモクリトス**（前460頃～前370年頃）が完成させたといわれますが、このふたりがどのような関係だったのかは、はっきりしていません。

原子とは、ギリシア語の**アトモン**の訳で、「分割できないもの」を意味します。それ以上分割できない最小の単位である**原子**たちの、結合や分離を考えることで、生成消滅や多様性を説明しようとするのが、古代原子論です。

▲原子論の創始者とされるレウキッポス。

▲デモクリトス。

真空の概念も説いた

原子論者は、エレア派の**メリッソス**（45

ページ参照）が「あらぬもの」として否定した**空虚**を、**「あるもの」**だとしました。「あるもの」には、充実した形態である原子と、充実していない形態である空虚があると考えたのです。

空虚の存在を認めると、空虚な場所に物体が移動できることになり、**物体の運動**を理論的に説明できます。これはまた、**真空**の存在を認めたことも意味します。

デモクリトスが考えたのは、数も形も無限にある原子が、無限の空虚の中で運動しているような宇宙でした。原子は、何らかの法則に支配されて、衝突や結合をくり返します。

また、それぞれの原子自体は、色や味などの感覚的性質をもちません。感覚は、原子の配列などから生まれる見かけ上のものにすぎないとされます。

この「原子」の考え方は、のちにいったんすたれますが、19世紀に復活し（116ページ参照）、多くの修正を受けながらも、現代物理学の重要な基礎の一部となります。

▼デモクリトスの考えた宇宙のイメージ。

05

アリストテレスの世界観

自然とその原因を研究した「万学の祖」

宇宙と自然の姿

アリストテレス（前384～前322年）は、古代ギリシアを代表する自然学者・哲学者です。さまざまな学問の基礎を築いており、「万学の祖」と呼ばれます。現在から見ると、理論的間違いも多々ありますが、データ収集の重視や、概念の詳細な分類などが、学問の発展に大きく貢献したことはたしかです。

アリストテレスは、宇宙は永久不変だと説き、地球を宇宙の不動の中心とみなして、**天動説**を支持しました。彼によると、月よりも上の世界は何層もの**天球**が重なっており、各天球は、**エーテル**という特別な元素が固まってできた惑星や恒星を乗せて回転しています。月よりも下の地球上では、あらゆる物体は火・空気・水・土の**四大元素**（46ページ参

▼アリストテレス。非常に長い期間にわたり、圧倒的な影響力を誇った人物である。

照）から作られています。そして四大元素は、**熱**／**冷**と**乾**／**湿**という2組の特性の組み合わせから成り立っているというのです。

Ⓐ 火＝熱＋乾　Ⓑ 空気＝熱＋湿
Ⓒ 水＝冷＋湿　Ⓓ 土＝冷＋乾

またアリストテレスは自然学において、生成消滅や運動変化の原因を研究し、４つに分類しました。有名な**四原因**です。

❶ **質料因**……材料や素材
❷ **形相因**……収まっていくべき形態
❸ **始動因**……ものを動かす原因
❹ **目的因**……めざされる目的

自然に生命力を見る

現在の私たちが「原因」という言葉から思い浮かべるのは、おもに❸の始動因ですが、アリストテレスは、ものの材料（❶）も、めざされる完成形態（❷）も、一種の原因だと考えました。また、自然に生命力を見て、その変化や運動を、何らかの目的（❹）を実現する過程としてとらえたのです。

17世紀の**ガリレイ**（74ページ参照）らは、アリストテレスの自然学を乗り越えて**科学革命**をなしとげ、近代科学を誕生させますが、そのとき、目的因を重視する生命主義的な自然観は否定され、もっぱら始動因を重視する**機械的な自然観**が確立することになります。

06 原子論を継承したエピクロス

魂までも原子で説明できる!?

原子論を受け継ぐ

エピクロス（前342頃～前271年頃）は、ヘレニズム期の哲学者です。**原子論**を受け継いで、自然学の分野でも驚嘆すべき理論を提唱しました。

まず彼は、「宇宙や気象は、人間的な感情をもつ神によって操られているのではない」と説きます。さまざまな事象の原因を正確に知り、心境の平静（**アタラクシア**）を得ることが、エピクロスの考える人間の幸福です。

エピクロスによると、宇宙は無限であり、無限の**空虚**の中で無限の**原子**が、永遠に運動しつづけます。生成することも消滅することもない原子は、形状・重さ・大きさ・衝突の際の弾き飛ばす力をもちますが、そのほかの感覚的な性質はもちません。それらはときに衝突したり、**合成体**を形成したりします。この理論は、現在の私たちがイメージする宇宙や原子と、よく似ているといえるのではないでしょうか。

またエピクロスは、原子は空虚の中では等速で運動すると述べます。これは、宇宙における素粒子の運動の最高速度である**光速**を連想させます。

▼エピクロス。俗に「快楽主義」の哲学者として知られているが、そのイメージは誤り。合理的な思考によって、恐怖や迷いから解放されることが、真の幸福であると説いた。

すべてを原子で説明

エピクロスの感覚論も興味深いものです。彼によれば、人間が見る対象の**視覚像**とは、対象そのものとよく似た形をもつ、原子でできた流出物です。コップを見るとき、そのコップの表面の原子が最高速度で流出し、目に飛び込んでくるというのです。荒唐無稽(こうとうむけい)な話のようですが、実際のところ、**光子**(こうし)という素粒子が目に飛び込んでくることで視覚は成立しています。現代の物理学と照らし合わせても、符合(ふごう)するところがあるのです。

また彼は、魂も原子でできた物体であり、体中に分散しているのだと主張します。すべてを原子で説明しようとした彼の態度は、徹底したものだといえます。

▼エピクロスの視覚論のイメージ。エンペドクレスの視覚論（47ページ参照）よりも進歩しているといえる。

07 アルキメデスの原理

古代の天才科学者による浮力の発見

王冠は本物か!?

アルキメデス（前287頃〜前212年）は、実験と理論をともに重視する、科学の基本姿勢を作った人物といえるでしょう。

あるとき、シラクサのヒエロン王がもつ、純金製のはずの王冠に、銀が混じっているという密告がありました。そこで、「王冠がすべて純金でできているか調べろ」という命令が、アルキメデスに下ります。

アルキメデスは、冠と同じ重さの純金を用意し、水を張った器にそれぞれを沈め、あふれた水の体積を比較しました。もし冠がすべて純金でできていれば、同じ重さの純金と同じ体積になるので、同じ量の水があふれる

▼アルキメデスの発見。純金よりも密度の小さいものが混ざっていれば、体積が大きくなる。

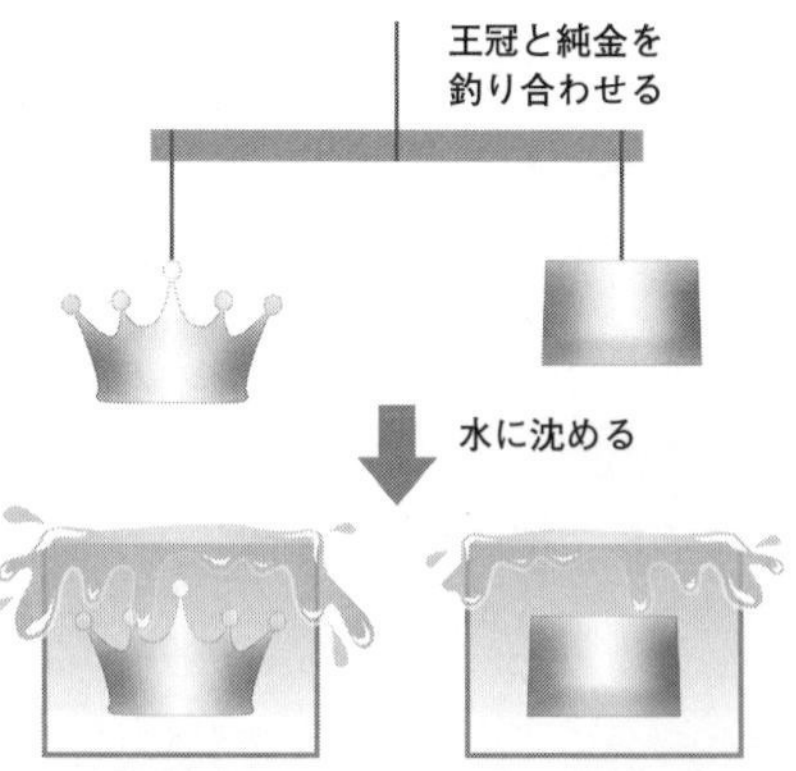

はずですが、もし密度の異なる物質を混ぜて作られた冠であれば、体積に差が出るため、あふれる水の量は違うはずだと考えたのです。

結果、冠を沈めたほうの水は、純金のそれよりも多くあふれました。冠には純金よりも密度の低い金属が混ぜられており、その分だけ体積が大きかったのです。こうして、冠が偽物（にせもの）であることがわかったといいます。

浮力の発見

これは同時に、**浮力**（26ページ参照）の発見でもありました。水に沈んだ物体は、自らが押しのけた水の重さの分だけ、上向きの浮力を受けます。これが**アルキメデスの原理**です。

アルキメデスは、入浴中に浴槽（よくそう）からあふれる水を見て、この方法を思いつき、喜びのあまり「ユーレカ（われ、発見せり）！」と叫びながら、裸（はだか）のまま町を駆け回ったと伝えられています。

▲アルキメデスは風呂場でアルキメデスの原理の着想を得たという。

08 恐怖の兵器 アルキメデスの鉤爪

てこと滑車の原理は戦争にも用いられた

生活のそばにある発見

アルキメデスにはいくつもの逸話があります。彼が言ったとされる有名な言葉に、「足場を用意せよ。さすれば地球をも持ち上げてみせよう」というものがありますが、これは**てこの原理**に由来します。てこの原理とは、下図のように、てこを支える**支点**、力を加える**力点**、力を及ぼす**作用点**を配し、少ない力で大きな力を生む仕組みです。

具体的には、支点と作用点間の距離を1とした場合、支点と力点間の距離を5倍とれば、2キロの力を力点に加えたときに、10キロの重さの荷物を作用点で持ち上げることができます。

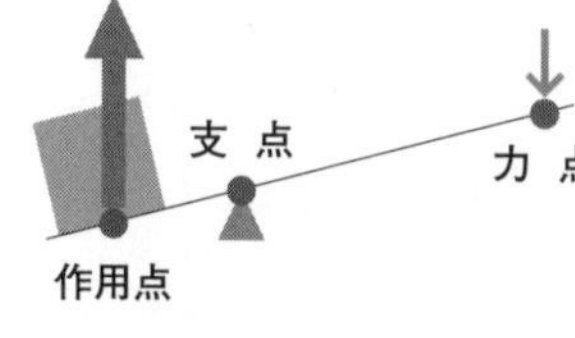

▼てこの原理。支点から力点までの距離を長く取るほど、小さい力で重いものを持ち上げることができる。

クレーン車などに活用される**滑車**も、中の機構にてこの原理が利用されています。クレーン車だけでなく、はさみや栓抜き、自転車などにもてこの原理は使われており、アルキメデスの発見は、私たちの生活にすっかりなじんでいるのです。

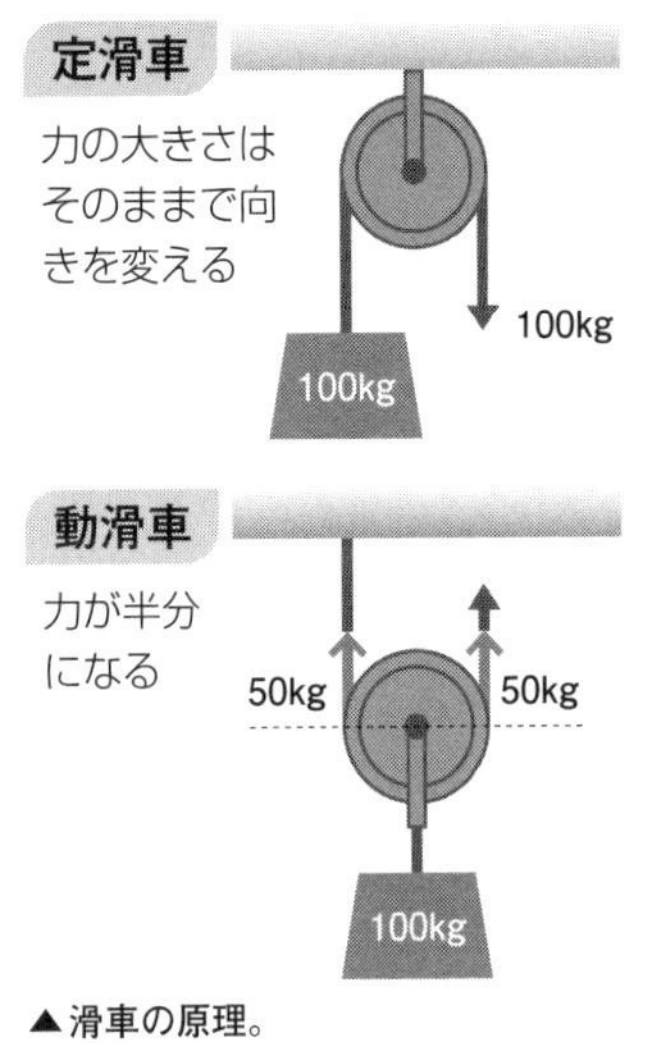

▲滑車の原理。

戦争に活用された科学

彼はてこの原理と滑車を利用し、大きな軍艦を岸に引き上げてみせたといいます。てこの原理は、当時のローマ帝国との戦争にも活用され、投石機をはじめとする攻城兵器が多く開発されましたが、中でも、対船兵器**アルキメデスの鉤爪**は恐ろしいものでした。

これは、滑車でつないだクレーン状の鉤爪を、敵船に引っかけて作用点を作り、力を加えることで、敵船を持ち上げて転覆させるものです。少ない力で重いものを持ち上げるには、支点から力点までの距離を長く取らなくてはいけませんが、アルキメデスの鉤爪は、空高く伸び、広大な海にその手を伸ばせるクレーン状なので、絶大な威力を発揮して、長きにわたってローマ軍を苦しめつづけたと伝えられています。

▲ジュリオ・パリージの壁画に描かれた「アルキメデスの鉤爪」。

09 プトレマイオスと古代天動説

間違ってはいたが高度な理論だった!?

天動説と地動説

「地球は宇宙の不動の中心であり、そのまわりを月や太陽や惑星が回っている」とする**天動説**（**地球中心説**）の原型を作ったのは、**ピュタゴラス**（前582～前496年）だといわれます。**アリストテレス**も天動説を信じていました。

これに対し、**地動説**を唱える者もいました。**フィロラオス**（前470頃～前385年）や**アリスタルコス**（前310頃～前230年頃）です。驚くべきことにアリスタルコスは、地球が**自転**しながら太陽を中心に**公転**することを見抜いていました。しかし彼の理論には**慣性の法則**（15ページ参照）が入っていなかったため、たとえば「真上に投げた石が、なぜ地球の回転から取り残されないのか」を、説明できませんでした。

そこに決定打を放ってしまったのは、**プトレマイオス**（83～168年）です。彼は天動説を、高い理論的完成度

▲プトレマイオス。エジプトのアレクサンドリアで活躍した。

で体系化しました。そのため、圧倒的多数の人が天動説を信じるようになってしまいます。人間の経験的な感覚としても、「自分の立つ大地は動かず、天体が動いている」と考えるほうが自然だったのです。

平面説と球体説

では、古代の人々は、地球の形についてはどう考えていたのでしょうか?

前8世紀末から前7世紀初頭に活躍したとされる詩人**ホメロス**や**ヘシオドス**は、**地球平面説**を信じており、そののちも何人もの自然学者が、地球は平面だと説きました。

しかし、前6世紀から前5世紀にかけて、**ピュタゴラス**や**パルメニデス**が、地球は球体ではないかと考えました。そして前4世紀に**アリストテレス**が、自然学の理論と観察をもとに、**地球球体説**を主張します。以後、知識人の間では球体説が強くなり、プトレマイオスの理論でも、地球は球体だとされました。

プトレマイオス理論は、中世の西ヨーロッパではいったん忘れられてしまいますが、ルネサンス期に再注目され、影響力をもつことになります。

▼天動説と地球球体説にもとづく宇宙像。

COLUMN 02

古代ギリシアのピュシス

物理学を意味する英語physics（フィジックス）の語源は、ギリシア語の「**ピュシス**」です。この語は「自然」と訳されます。じつはギリシア語には、「自然」を意味する語がいくつかあるのですが、それぞれニュアンスが異なります。「パンタ」という語は、人間を含む、互いにつながり合った全体としての自然を意味します。「コスモス」という語は、一定の秩序（ちつじょ）をもつ自然全体を意味します。そしてピュシスは、生命があり魂（**プシュケ**）をもつものとしての自然を意味しています。

タレス（43ページ参照）以後の自然学者たちが**アルケー**を探究したのは、この生命的な自然です。そして**アリストテレス**（50ページ参照）の自然観も、生命主義的なものでした。その点が、古代ギリシアの自然学が近代以降の物理学と異なっている点です。

ちなみにアリストテレスは、感覚され経験されるピュシスを研究した書物のほかに、自然を成り立たせている神を研究する書物も著（あらわ）しました。アリストテレスの著作が編集されるとき、その書物は自然学の書物のあとに置かれ、「メタピュシカ」と呼ばれます。これは単に「自然学のあと」を意味していたのですが、のちに「自然学を超えたもの」という意味に解釈されるようになり、「自然学を基礎づけるもの」「自然」を考える哲学は、現在、感覚や経験を超えたものを考える哲学は、英語でmetaphysics（メタフィジックス）といいます（「形而上学（けいじじょうがく）」と訳されます）。

近代物理学の夜明け

01

光学の父 イブン・アル＝ハイサム

イスラーム科学を代表する学者のひとり

イスラーム科学の興隆

ヨーロッパの古代は、西ローマ帝国の滅んだ5世紀に終了し、そこから**中世**が始まるとされるのが一般的です。

中世前期の西ヨーロッパでは、ギリシア語が読まれなくなり、ローマ・カトリックの支配力も強まって、ギリシア文化の要素はいったん衰退しました。古代の学問の成果は、**東ローマ帝国**（**ビザンツ帝国**）やエジプトの**アレクサンドリア**で保存されます。

しかし、5世紀に異端とされビザンツ帝国から追放されたネストリウス派キリスト教徒が、**アリストテレス**の著作などを東方に伝えました。これが9世紀に、イスラームの**アッバース朝**で、アラビア語に翻訳されます。また、アレクサンドリアは7世紀、イスラーム勢力の支配下に入りました。古典古代の知恵はアラブ人固有の学問と結びつき、高度な**イスラーム科学**の興隆を支えることになります。

光学の分野で数々の法則を発見

イブン・アル＝ハイサム（965頃～10

40年頃）は、ヨーロッパでは「アルハゼン」や「アルハーゼン」の名で知られています。レンズや鏡による光の**屈折**や**反射**に関して偉大な貢献をしており、**「光学の父」**と呼ばれる物理学者です。

イブン・アル＝ハイサムは、ギリシアの自然学者たちのような理論的考察にとどまらず、数々の**実験**を行いました。実験によって、**光が直進する**ことを証明し、光線を幾何学的に研究できるようにしたのは、大きな功績です。

▲イブン・アル＝ハイサム。

彼は**視覚**について、「太陽（**光源**）から発せられた光が物体に当たって反射し、それが目に入るから、ものが見えるのだ」としています。古代ギリシアの**エンペドクレス**の理論（47ページ参照）や**エピクロス**の理論（53ページ参照）を統合して発展させ、現代の物理学から見ても正しい説明に至ったといえます。

▼イブン・アル＝ハイサムの視覚論。

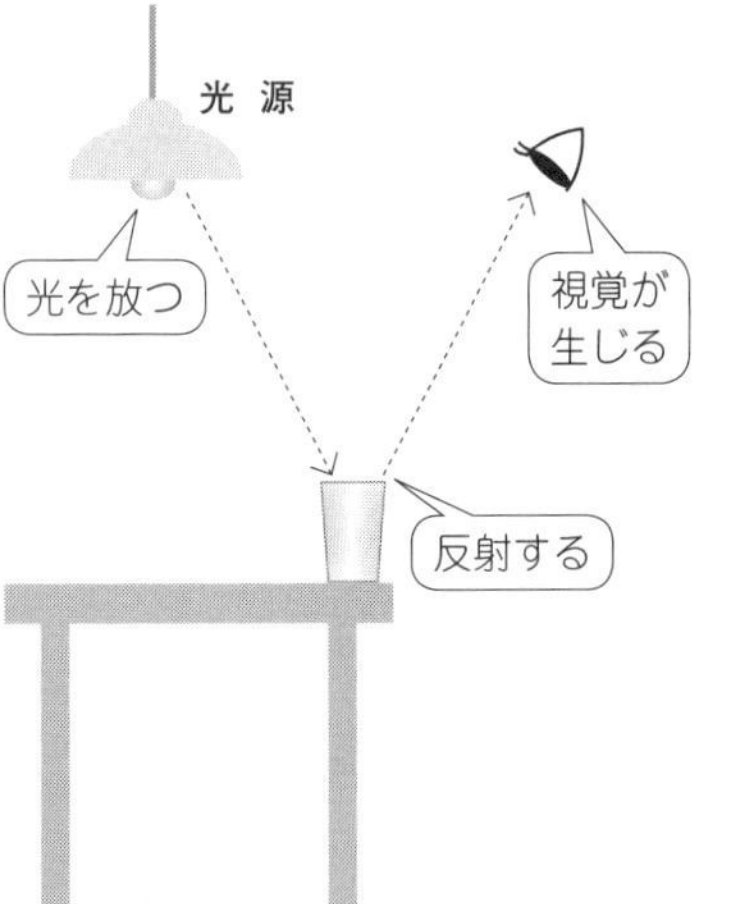

02 運動と静止に関する力学の発展

アリストテレスの理論が見直されていく

アリストテレスの運動理論

アリストテレスの自然学や哲学は、イスラーム圏に伝わったわけですが、その中には運動に関する理論もありました。

アリストテレスは、「物体を動かしつづけるには、つねに一定の力を加えつづけねばならない」と考えました。これは、経験的な感覚としては正しそうに思われますが、じつは物理学的には正しくありません。

一度物体に力をかけて動かしはじめると、別の力がはたらかない限り、等速直線運動を続けます。これが**慣性の法則**（15ページ参照）です。逆に、物体に力を加えつづけると、物体は加速します。たとえば私たちが日常生活でものを押すとき、押しつづけないと止まってしまうのは、物に**重力**や**摩擦力**などがはたらいているからです。

人々は長い間、アリストテレスの間違った運動理論を信じていました。しかし、イスラーム科学を代表する学者のひとり**アル＝ビールーニー**（973〜1048年）が、これに疑問をもちます。以後、イスラームの科学者たちは研究を深め、運動と静止に関する力学を構築していきました。

註釈者イブン・ルシュド

12世紀の**イブン・ルシュド**（1126～1198年）は、スペインに生まれたイスラームの科学者・哲学者で、ヨーロッパでは「アヴェロエス」の名で知られています。

彼は、アリストテレスの物理学への註釈の中で、「物体の運動を変化させるもの」として**力を定義**しました。この定義は、「力を加えない限り運動状態は変化しない」ということを意味します。イブン・ルシュドは、独自に**慣性の法則**を発見したといえるのです。

このように、イスラーム科学はたいへん高度な、当時では世界最高水準のものでした。

ところで、11世紀末に西ヨーロッパから**十字軍**の遠征が始まると、東西の交流が活発になり、ギリシアの古典が西ヨーロッパに流入して、ラテン語に翻訳されるようになりました。特に12世紀半ば以降、アリストテレスの著作が、イスラームの学者の註釈とともに西ヨーロッパに入り、学問を活性化していくことになるのです。

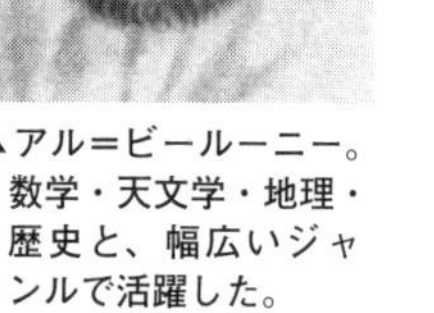

▲アル＝ビールーニー。数学・天文学・地理・歴史と、幅広いジャンルで活躍した。

▲イブン・ルシュド。アリストテレスの註釈者として歴史に名を刻んだ。

03 ロジャー・ベーコンとオッカムの剃刀

近代科学の胎動が始まった！

スコラ学とアリストテレス理論

中世の西ヨーロッパでは11世紀ごろから、ローマ・カトリック教会の権威を確固たるものにするため、信仰を理詰めで体系化しようとする動きが出てきました。こうして成立した学問は、**スコラ学**と呼ばれます。

そこへ、イスラーム圏からアリストテレス理論が流入しました。このことによる学問の発展を、**12世紀ルネサンス**といいます。

スコラ学の代表的な学者**トマス・アクィナス**（1225頃〜1274年）は、アリストテレス思想によって、キリスト教神学を理論化しました。以後のスコラ学は、キリスト教固有の信仰とアリストテレス理論が一体化したものになります。その結果、物理的には間違いも含んでいるアリストテレス自然学が権威化して、物理学をはじめとする科学の自由な発展を妨げることにもなりました。

▲トマス・アクィナス。

それでも、スコラ学の中から、近代科学につながる考え方が少しずつ生まれはじめます。

経験を重視したベーコン

イギリスの哲学者・科学者**ロジャー・ベーコン**（1214〜1294年）は、アリストテレス理論と聖書の双方に精通し、イスラームの学問も熟知した、オールマイティーな学者でした。

経験的な**観察や実験を重視**した彼の姿勢は、物理学も含めた近代自然科学の方法論の先駆けとなりました。彼は哲学的にも、**イギリス経験論**という潮流の祖とされます。

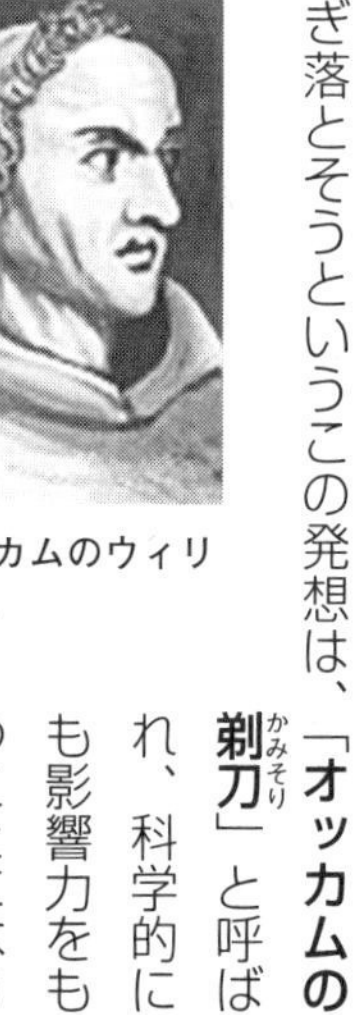

▲ロジャー・ベーコン。

オッカムの剃刀は何を切る？

同じくイギリスのスコラ学者**オッカムのウィリアム**（1285〜1347年）は、信仰（神学）と理性（哲学）との区別を提唱し、**近代合理思想**の基礎を作ったとされます。

彼は、「明らかでないものを仮定して考えに入れるべきでない」とする**思考節約の原理**を多用しました。考える必要のない要素はそぎ落とそうというこの発想は、「**オッカムの剃刀**」と呼ばれ、科学的にも影響力をもつことになります。

▲オッカムのウィリアム。

04 本当の宇宙の姿を見いだした コペルニクス 地動説の衝撃

プトレマイオス再発見

中世に入って以来、**地球球体説**と**天動説**の結合した**プトレマイオス**理論（58ページ参照）の影響力は、いったん弱まっていました。

それでも人々は、感覚的経験から、天動説を信じます。一方、地球球体説については、知識人はこれを知っており、大学でも教えられました（何しろアリストテレスは球体説です）。しかし、大地が球体だというのは感覚的経験とは異なっているため、民衆の間では、**地球平面説**のほうが信じられていたようです。

さて、13世紀末に建国されたイスラームの**オスマン帝国**は、**ビザンツ帝国**を圧迫し、15世紀にはこれを滅ぼしました。そんな中、ビザンツ帝国からイタリアへ逃れた人々が、プトレマイオスの世界地図（**プトレマイオス図**）などを西ヨーロッパに伝えました。ここから、プトレマイオス理論が再発見されます。

地球球体説は、**クリストファー・コロンブス**（1451頃～1506年）らに影響を与え、**大航海時代**を呼び込みました。そしてプトレマイオスの天動説は、アリストテレスのそれとともに聖書の教えと結びつき、権威化されることになります。

コペルニクスの転回

しかし、古代とは大きく事情が違っているところがありました。惑星運動の観測が進んでいたのです。その結果を天動説で説明しようとすると、理論的な修正を何度も重ねなければなりませんでした。そのため、天動説は非常に複雑なものになっていきます。

▲ニコラウス・コペルニクス。医師としての名声も高かった。

天文学者であり聖職者でもあった**ニコラウス・コペルニクス**（1473～1543年）は、「神の創造した宇宙が、こんなに複雑なものであるはずがない」と考えました。そして、古代の**アリスタルコス**（58ページ参照）の理論をヒントにしてまとめた**地動説**を、**『天球の回転について』**という書物に記したのです。

簡潔に理論化されたその衝撃的な説は、17世紀**科学革命**の導火線（どうかせん）となります。

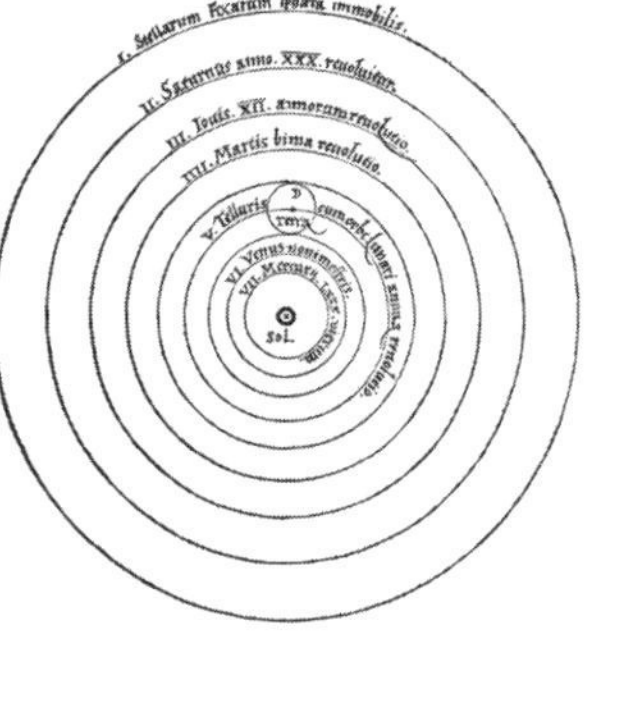

▼『天球の回転について』に描かれた宇宙。太陽が中心に位置し、そのまわりを水星、金星、地球、火星、木星、土星が周回している。月だけは地球のまわりを回っている。

05

コペルニクスを支持して火刑に！

真理への献身 ジョルダーノ・ブルーノ

攻撃を受ける地動説

コペルニクスは聖職者でもあったため、聖書の教えと結びついて権威化していた天動説を公に否定することにはためらいがあり、『天球の回転について』を出版したのは死の間際（1543年）でした。それでも出版できたのは、当時のローマ教会が、新しい説に対して比較的寛容だったからです。

しかしその16世紀は、**宗教改革**の時代でもあります。ローマ・カトリック教会の権威化を批判し、聖書の重視を主張する**プロテスタント**の論客は、聖書の記述と矛盾するコペルニクスの宇宙観を、激しく批判しました。

そんな中、コペルニクス説の擁護者が、カトリック側から現れます。修道士**ジョルダーノ・ブルーノ**（1548〜1600年）です。

▲ジョルダーノ・ブルーノ。彼の所属したドミニコ会は、かつてトマス・アクィナス（66ページ参照）も輩出した名門である。

無限宇宙論と地動説

ブルーノは**ナポリ大学**（13世紀設立）で神学や哲学を幅広く学び、独自の思想をもっていました。彼に大きな影響を与えたのは、15世紀の神学者・数学者**ニコラウス・クザーヌス**（1401〜1464年）です。クザーヌスは「全能の神が創造した宇宙は、有限であるはずがない」と考え、無限の宇宙を地球が漂っているという宇宙観を提示していました。

▲ニコラウス・クザーヌス（「クザのニコラウス」とも）。ブルーノに先駆けて無限宇宙論を唱えており、のちのケプラー（80ページ参照）らにも影響を与えた。

ブルーノは、クザーヌスの**無限宇宙論**をさらに突き詰め、宇宙の時間と空間が無限であること、宇宙は地球と同じ物質でできていること、地球上の物理法則が宇宙全体にはたらくこと、地球が回転していることなどを主張しました。そしてコペルニクスの地動説を、一部批判しながらも擁護したのです。

おもに哲学的思弁から導き出されたブルーノの洞察は、今日から見るとかなり優秀なものですが、教会のある地球をまったく特別扱いしないという意味では、コペルニクスより過激でした。カトリック教会はブルーノを異端審問にかけ、説の撤回を命じます。ブルーノはこれを拒否し、火刑に処されたのでした。

06

シモン・ステヴィンの功績

力の合成と分解に関する平行四辺形の法則を発見！

輝かしい功績

ベルギー出身の**シモン・ステヴィン**（1548～1620年）は、一般的知名度は高くありませんが、数々の輝かしい功績を上げた物理学者・数学者です。

▲シモン・ステヴィン。数学者としても、ヨーロッパで初めて小数の考え方を提唱したり、加法（＋）や減法（－）の記号を使いはじめたりと、先駆的な人物だった。

彼は、**物体落下の法則**（76ページ参照）に、**ガリレイ**よりも早く気づきました。

アリストテレスの理論では、「軽い物体よりも重い物体のほうが速く落下する」とされていました。ところが、ステヴィンが実験してみると、同じ高さから落とされたふたつの物体は、重さが違っても、ほぼ同時に地面に達したのです。

永久機関の夢を砕く

ステヴィンはまた、**アルキメデス**を研究して**てこの原理**（56ページ参照）を証明し、力の合成と分解に関する**平行四辺形の法則**（36ページ参照）を発見しました。

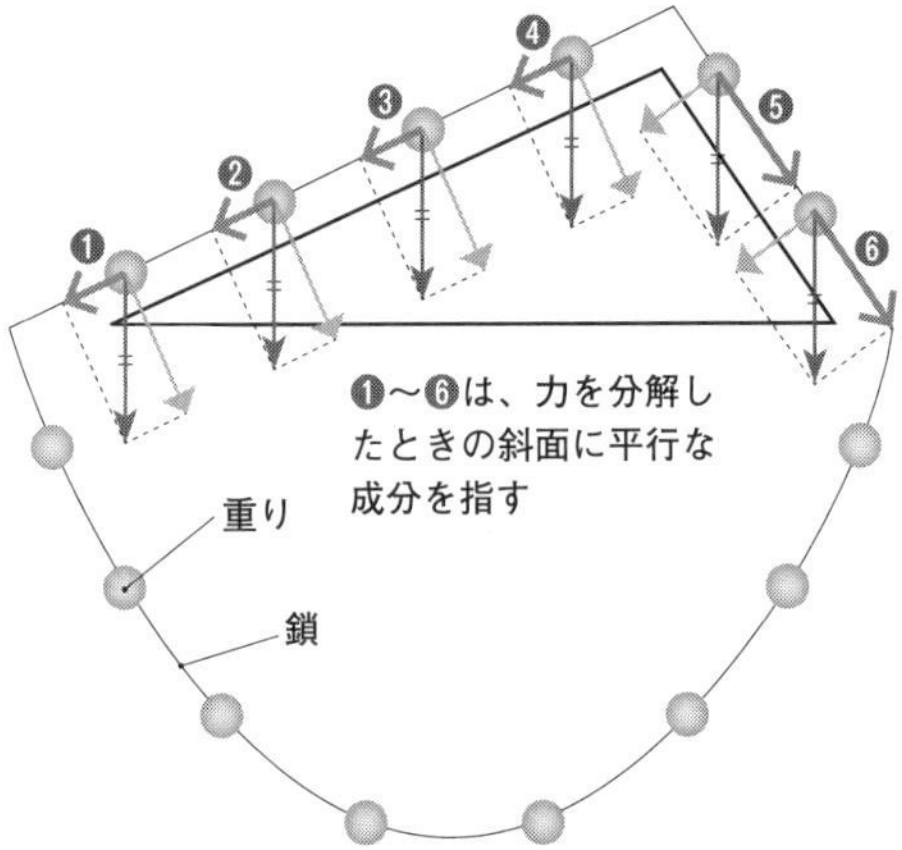

▲ステヴィンの著書『計量法原論』（1586年）の表紙に掲げられた、永久機関にならない装置。❶～❹と❺・❻はつり合っているので、鎖は動かない。永久機関の不可能性が原理的に証明されるのは、19世紀のことである。

それに関して面白いのは、**永久機関**（えいきゅうきかん）に関するステヴィンの考察です。

永久機関とは、外から力を加えなくても永遠に作動する機械のことです。多くの人がこれを作ろうと試み、失敗してきました。

ステヴィンは、同じ重さの球をつないだ鎖を、不等辺三角形の斜面にかけた装置を考えました（上図参照）。右と左で球の数が違うので、球の多い側に鎖が落ちていき、永久運動が起こりそうに思われます。しかし、これを実際に作ってみると、鎖は動きません。

じつは、それぞれの球にはたらく重力を平行四辺形の法則で分解すると、左右の斜面に沿った力はつり合っています。ステヴィンは自分の発見した法則を使って、この種の装置が永久機関にならないことを示したのです。

07

近代科学の創始者とも呼ばれる天才

物理学に光をもたらしたガリレイ

大学在学中の発見

17世紀に起こった**科学革命**の中で、きわめて大きな役割を果たしたのが、イタリアの物理学者・天文学者**ガリレオ・ガリレイ**（1564〜1642年）です。

彼は**ピサ大学**（14世紀設立）在学中に、**振り子の等時性**を発見したといわれます。これは、「振り子の糸の長さが同じなら、ゆれ幅（振幅）や重りの重さが違っても、ひとゆれにかかる時間（周期）は同じである」という法則です。

▼振り子の等時性の法則。ただし、これはゆれる角度が小さいときの近似的な法則であり、角度がかなり大きくなると成立しないことがわかっている。

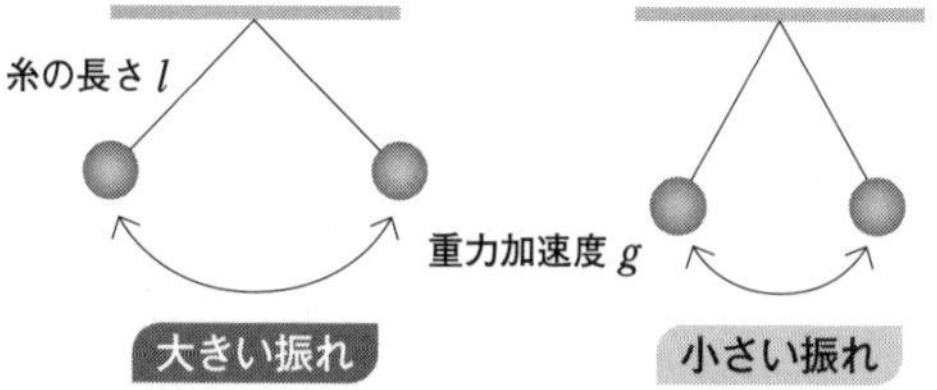

糸の長さ l

重力加速度 g

大きい振れ　　小さい振れ

振り子がひと往復するのにかかる時間は同じ

＝

振り子の周期 T

$$T = 2\pi\sqrt{\frac{l}{g}}$$

振り子が意味するもの

力学では一般に、「高い位置にある物体は大きな**位置エネルギー**をもち、それを、落下することで**運動エネルギー**に変えていく」と考えます。位置エネルギーと運動エネルギーの和を、**力学的エネルギー**といいますが、運動のどの時点でも、力学的エネルギーは一定です（**力学的エネルギー保存の法則**）。振り子の運動でも、この法則は成立しています。

▲ガリレオ・ガリレイ。

この振り子に関する研究は、**物体落下の法則**の発見（76ページ参照）にもつながります。

▼振り子の運動と力学的エネルギーの関係。

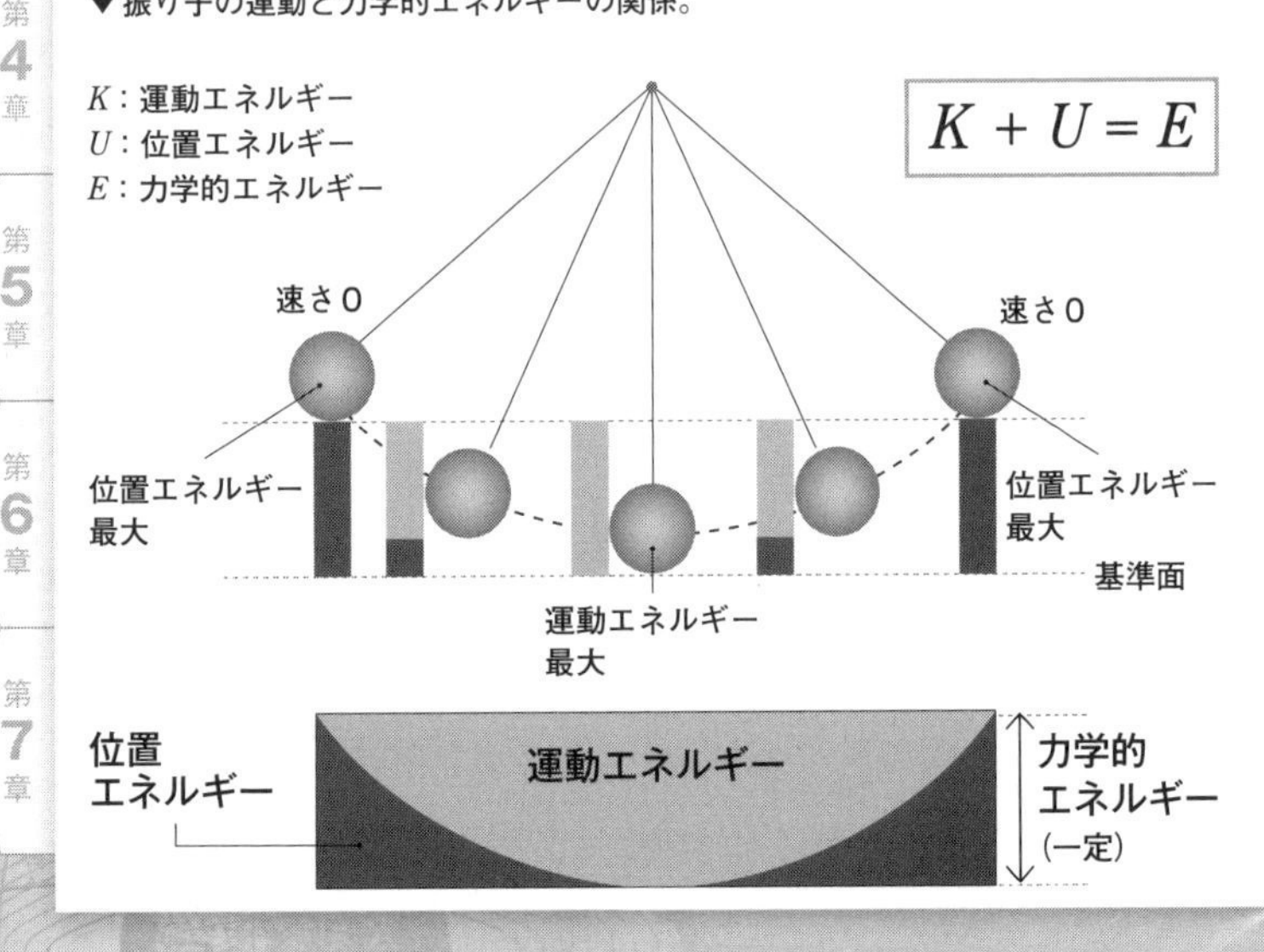

08 ピサの斜塔の真実

物体落下の法則はこうして発見された！

ピサの斜塔の実験は作り話!?

アリストテレスは、「軽い物体と重い物体を同じ高さから落とすと、重い物体のほうが早く地面に達する」という説を主張し、これが約2000年間、正しいとされてきました。

このアリストテレスの間違いを正したのは、**ガリレイ**だとされています。ガリレイは、正しい**物体落下の法則**を、実験によって発見し、理論化しました。

ピサの斜塔の上から、軽い球と重い球を同時に落として実験したというエピソードが有

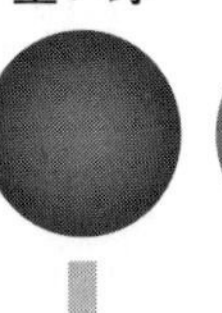

▲アリストテレスの理論に反駁（はんばく）するために、ガリレイが考えた思考実験。矛盾するふたつの結論が出てしまうことから、前提とされた理論が間違っていたことがわかる。

名ですが、これは弟子による創作だとする説が有力です。実際に物体を垂直落下させたのは、**シモン・ステヴィン**でした（72ページ参照）。

▲ピサの斜塔。

斜めに置いたレールの実験だった

実際にガリレイが行った実験は、摩擦を小さくしたレールと真鍮の球を用意し、傾けたレールの上に球を転がすというものです。垂直落下とは違って速度が緩和され、データを取りやすくなります。このような実験によって、**落下する物体は重さと関係なく、同じ加速度で落ちる**ことが示されました。

工夫を凝らした**実験**と**観察**を基礎とする科学的方法を確立したことは、ガリレイの最大の功績ともいえるでしょう。

またガリレイは、同じような斜面の実験によって、**慣性の法則**にも気づいていました。

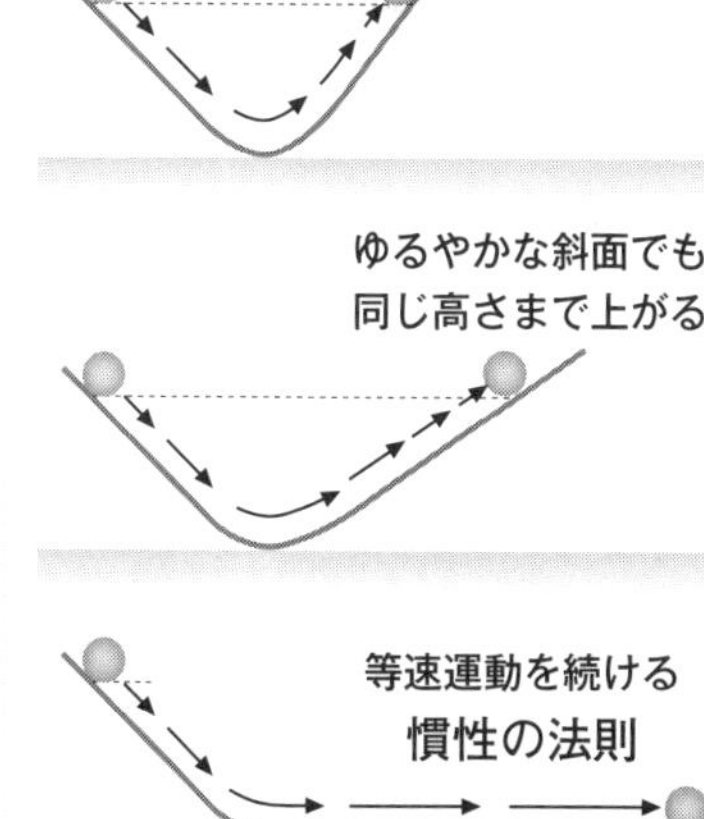

▼ガリレイの斜面の実験。ただし、摩擦はないものとする。

09 それでも地球は動いている

地動説を主張して裁かれたガリレイ

望遠鏡による新発見が続々と！

1608年、オランダで**望遠鏡**(ぼうえんきょう)が発明（特許申請）されました。それを聞いた**ガリレイ**も、すぐに望遠鏡を自作して天体観測を始め、次のような事実を立て続けに発見しました。

❶ 月の表面はでこぼこしている。
❷ 恒星は惑星よりもずっと遠くにある。
❸ 天の川は、太陽のような恒星の集まりである。
❹ 木星には4つの惑星があり、木星の

▼ジョゼフ=ニコラ・ロベール=フルーリー《ガリレオ裁判》。

まわりを回っている。

❺ 太陽には黒点があり、太陽も自転している。

裁判にかけられて

ガリレイは、早い時期から**コペルニクス**の『**天球の回転について**』（69ページ参照）を読み、**地動説**の正しさを理解していたようですが、望遠鏡による観測の結果から、地動説への確信を強めていきます。1610年代には、公然と地動説を支持し、自説に合わせて聖書を解釈するようになりました。

もともとローマ・カトリック教会には、ガリレイの支持者もいましたが、聖書の勝手な解釈は見逃せないという声が上がります。

1616年、**第1次ガリレイ裁判**が開かれました。このときローマ教皇庁（きょうこうちょう）は地動説を禁じたといわれていますが、実際のところは、「明白な証拠が見つかるまでは、地動説などはあくまで仮説として扱うように」と命じられ、ガリレイもこれに同意していたようです。

しかしガリレイは、その後も地動説の正しさを主張し、1632年出版の『**天文対話**（てんもんたいわ）』にその考えを盛り込みました。これが、ほかのさまざまな事情とからみ合ってローマ教皇**ウルバヌス8世**の感情を逆なでし、1633年の**第2次ガリレイ裁判**につながります。そこでのガリレイは、表向きには地動説の放棄を受け入れながら、「それでも地球は動いている」とつぶやいたという伝説があります。

10

宇宙にはたらく物理法則が見えてきた！

ケプラー 惑星運行の法則

地動説とブラーエの天体観測結果

ガリレイと同時代に、やはり**地動説**に影響を受けたのが、ドイツの天文学者**ヨハネス・ケプラー**（1571〜1630年）です。

▲ヨハネス・ケプラー。

彼は1596年、**コペルニクス**の地動説にもとづく著書『**宇宙の神秘**』を発表し、デンマークの天文学者**ティコ・ブラーエ**（1546〜1601年）やガリレイと知り合います。そしてブラーエの助手となり、膨大（ぼうだい）な天体観測結果を譲（ゆず）り受けるのです。

▲ティコ・ブラーエ。「望遠鏡出現以前の最大の観測者」と呼ばれる。

ケプラーの法則

ケプラーはブラーエの観察記録などをもとに、ひたすら計算をくり返し、惑星の運行に

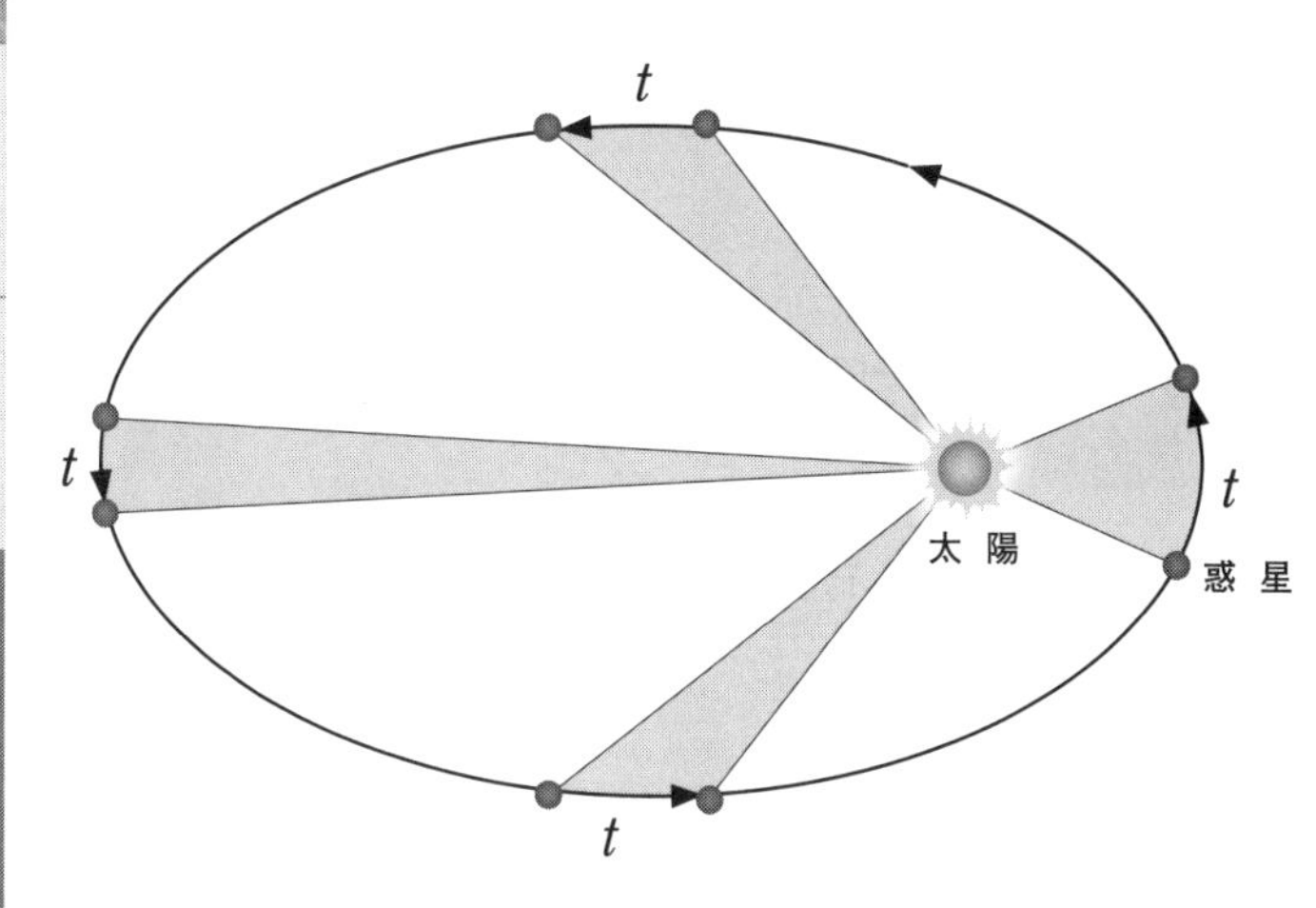

▲ケプラーの第2法則。同じ長さの時間（ここでは t とする）に、惑星と太陽を結ぶ線分が動いて作る図形の面積は、互いに等しい。

関する**ケプラーの法則**を発表します。

❶第1法則　楕円軌道の法則

惑星の軌道は（太陽を焦点のひとつとする）楕円である。

❷第2法則　面積速度一定の法則

惑星と太陽を結ぶ線分は、同一時間に等しい面積を掃く。

❸第3法則　調和の法則

惑星の公転周期の2乗は、軌道の半長径の3乗に比例する。

このほか、**太陽系の惑星の軌道は、ほぼ同一平面上にある**という法則も発見しました。

ケプラーの法則は、同時代のガリレイたちには受け入れられませんでしたが、のちに、**ニュートン**の**万有引力の法則**（98ページ参照）の証明に用いられることになります。

11

世界を幾何学的にとらえる

近代科学の祖 デカルトの方法

ガリレイ裁判の衝撃から

1633年、前年に出版されていた**ガリレイ**の『**天文対話**』が問題になったこと（79ページ参照）を知り、ショックを受けた人物がいました。フランスの哲学者・科学者**ルネ・デカルト**（1596〜1650年）です。

▲ルネ・デカルト。

彼は、自分の行ってきた研究の成果を『世界論』という本にまとめようとしていたのですが、ガリレイの騒動(そうどう)を知り、出版を取りやめます。というのも『世界論』では、『天文対話』と同じく**コペルニクス**の**地動説**を肯定していたからです。

しかし1637年、友人たちの要望などを受けたデカルトは、地動説に直接関係しない3つの科学論文に、学問全般を語る序文をつけて発表しました。やがて独立して読まれることになるその長い序文こそ、不朽(ふきゅう)の名著といわれる『**方法序説**(ほうほうじょせつ)』です。

デカルトはその中で、自己と神と世界の存在を論じる**形而上学**から、世界の具体的なあり方を論じる**自然学**へと話を進めていきます。

デカルトの自然観

デカルトは、真理を発見する学問の方法を、数学に求めます。特に**幾何学**を重視し、「自然界の本質は幾何学的なものであり、知性によって知ることができる」と考えました。自然を客観的に見ようとする**科学的世界観**を確立したことで、デカルトは「近代科学の祖」とも呼ばれます。

デカルトは、「原因」についての考え方でも、近代科学の方法を樹立しました。**アリストテレス**は**目的因**を重視する生命主義的な自然観をもっていましたが（51ページ参照）、これに対してデカルトは、「神の創造した自然が、どういう目的をもつかなど、知ろうとするのは傲慢だ」と考え、自然に関しては、変化や運動を引き起こす**始動因**だけを調べるのが、科学的な態度であると主張したのです。この**力学的・機械的な自然観**は、現在に至るまで、自然科学の原理として定着しています。

またデカルトは、「地上の物体にも天体にも、同じ物理法則がはたらいている」と考え、**ガリレイ**の力学を**ニュートン**へと橋渡ししたといえます。

▼始動因と目的因のイメージ。

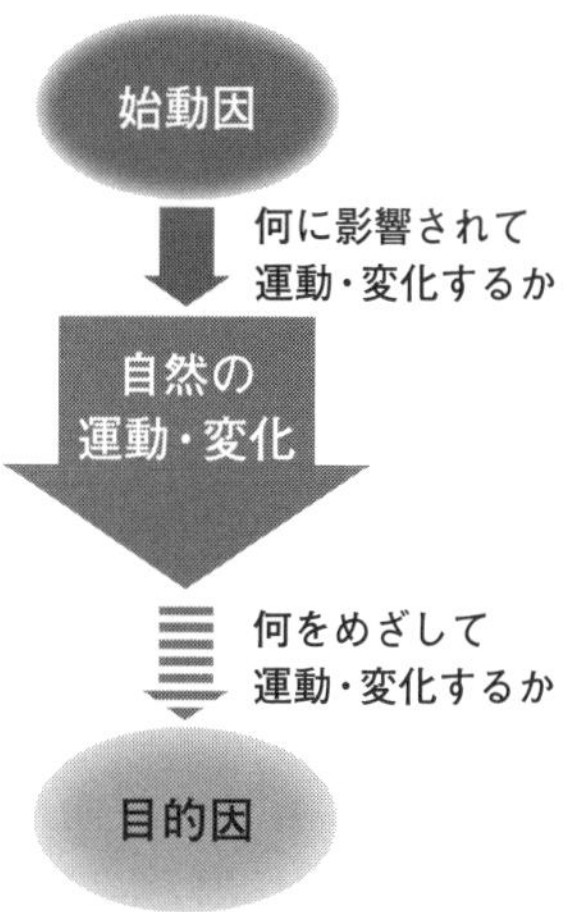

始動因
何に影響されて運動・変化するか
自然の運動・変化
何をめざして運動・変化するか
目的因

COLUMN 03

次元とは何か

「われ思う、ゆえにわれあり」の哲学者として有名なデカルトですが、数学や自然科学の分野での業績も数えきれません。彼は光学の研究をしたり、独自の宇宙論を展開したりもしています。

デカルトの発明の中でも最大のもののひとつが、**座標**(ざひょう)です。私たちが中学校から学習する、x軸とy軸というふたつの軸を直交させて作る座標平面（**デカルト平面**）は、もともとはデカルトが発明したものなのです。

さてここから、物理学において重要な**次元**というものの話につなげたいと思います。

次元とは、**ものの状況を指定するのに必要な方向の数**のことだと思ってください。デカルトの座標は、x軸方向とy軸方向のふたつの方向があるので、**2次元**です。一般に、線が1次元、平面が2次元になります。

私たちの目には、「前後」「左右」「上下」という3つの軸の方向が見えています。ですから、私たちの空間は**3次元**です。

しかし、この3つの方向だけでは、ものの状況を完全に指定することはできません。たとえば、友だちと待ち合わせをするとき、待ち合わせ場所が正確にわかったとしても、何時何分に集合するかがわからなければ、友だちとは会えません。私たちは、「時間」という軸も含めた4方向の世界、つまり4次元の世界を認識しながら生きているのです。この世界を、**4次元時空**と呼ぶこともあります。

近代物理学のレジェンドたち

01

真空の発見

水銀柱の実験が大気の真実を示した

真空の存在を証明！

17世紀ヨーロッパの**科学革命**は、アリストテレス自然学を乗り越えようとする科学者たちによって推進されてきました。

ガリレイの弟子**エヴァンジェリスタ・トリチェリ**（1608～1647年）も、そのような科学者のひとりです。彼は**ヴィンチェンツォ・ヴィヴィアーニ**（1622～1703年）とともに行った**水銀柱**（すいぎんちゅう）の実験により、**真空**の存在を発見したとされます。

▲エヴァンジェリスタ・トリチェリ。

ふたりは1643年に、片方を閉じた細長いガラス管に水銀を満たし、それを逆さ（さか）にして、同じく水銀を張った容器に立てました。すると、ガラス管の中の水銀面は下降しますが、容器の水銀面から76センチの高さで止まったのです。

その76センチより上方（じょうほう）は、水銀も空気もないすき間になりました。このすき間こそが、のちに真空と呼ばれるものだったのです。

かつてアリストテレスは、「自然は真空を嫌う」と述べ、真空の存在を否定していました。しかしトリチェリらの実験は、アリストテレスの誤りを証明したのです。

大気圧の存在を示す

では、なぜガラス管の水銀面は、76センチの高さで止まるのでしょうか。

それは、下図のガラス管内の点Aにかかる水銀の圧力が、容器の水銀面を押す**大気圧**と等しくなるからです。

もし、容器の水銀面を大気が押していなければ、ガラス管の水銀はさらに容器のほうへ流れ出すはずです。ガラス管の水銀面は下がり、容器の水銀面は上がって、同じ高さになるでしょう。しかし、実際は大気圧（つまり空気の重さ）があるため、「ガラス管から容器へ流れ出そうとする水銀の力」と「容器の水銀面を上から押さえつけようとする空気の力」が、一定のところでつり合うのです。

つまりトリチェリらの実験は、大気圧の存在を示すものでもあったのです。

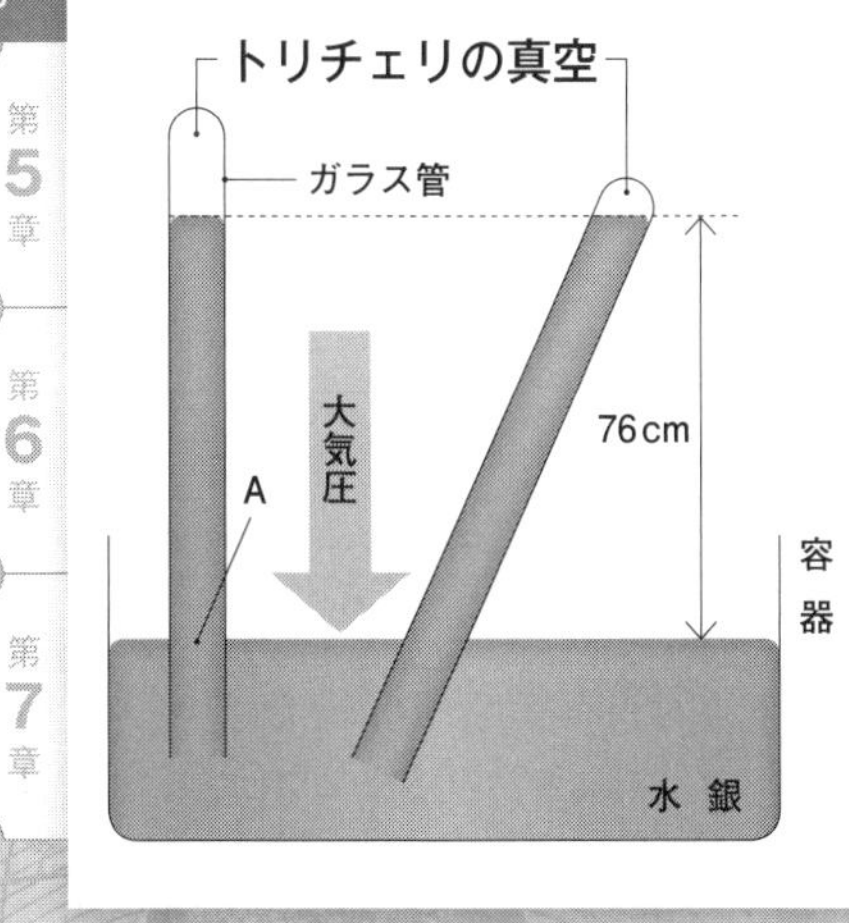

▼トリチェリの実験。ガラス管上部の容積にかかわらず、水銀の高さは一定になる。

02

気体の圧力と体積は反比例する

ボイルの気体力学

体積と圧力の関係

山登りにスナック菓子を持っていって、気づいたら袋がパンパンにふくらんでいた、という経験はありませんか？　逆に、山頂でスナック菓子を買って下山すると、袋はきゅうと縮んでしまいます。これは、標高（ひょうこう）によって**気圧**が変わるために起こる現象です。

袋内の空気の圧力は、外の気圧と等しくなろうとします。このときの空気の**圧力**と、袋のふくらみ（袋内の空気の**体積**）の関係を端的に表すのが、**ボイルの法則**です。この法則

▼山登りのときに実感できるボイルの法則。気圧の低い山の上では、袋内の空気が、まわりの気圧と同じ圧力になろうとし、体積を増大させる。気圧の高い山麓では逆のことが起こる。

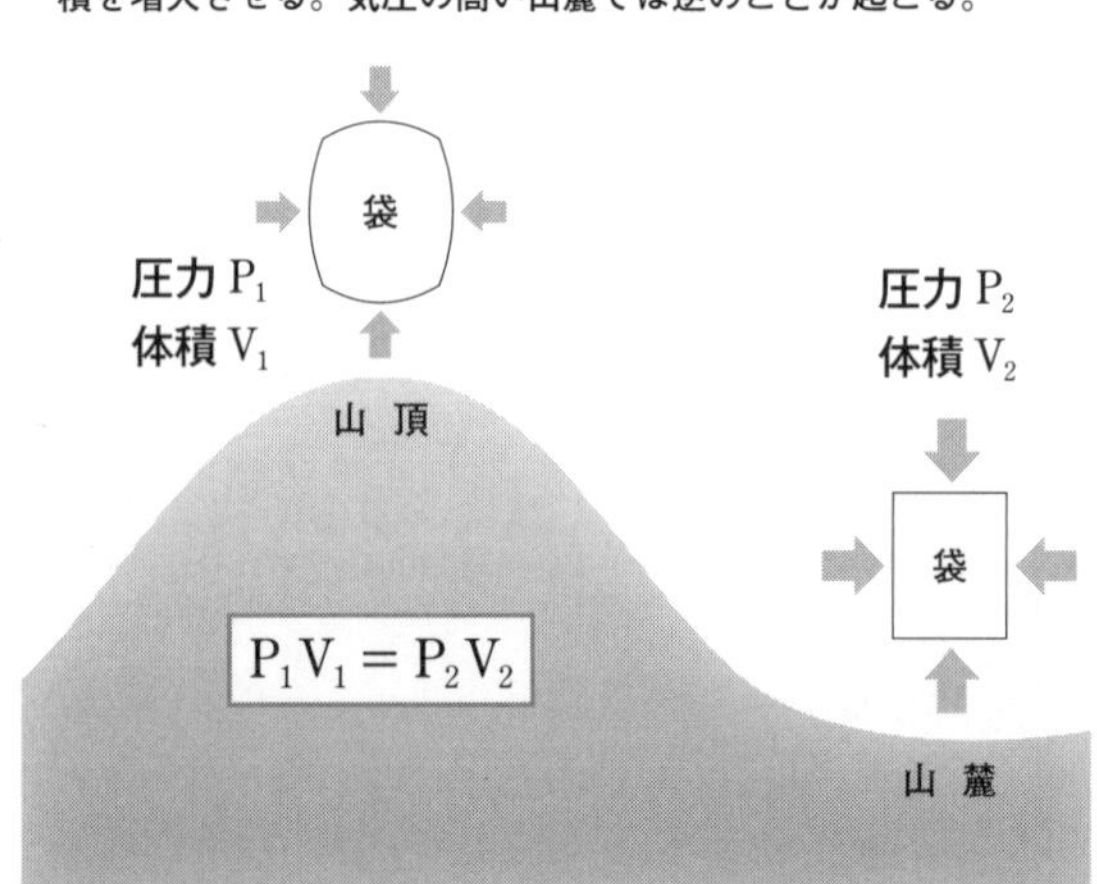

は、**「気体の圧力と体積の積は一定になる」**というもので、言い換えると、気体の圧力と体積は**反比例**の関係にあります。

原子の運動

この法則は、容器内の空気に含まれる**原子の運動**によって説明できます。気体状態にある原子は、さまざまな方向に激しく運動しています。この運動により、原子が容器の壁に衝突することで生じるのが圧力であり、運動できる範囲、つまり容器の大きさが体積です。体積が大きいときは、原子が壁に衝突しにくく、逆に体積を小さくすると、衝突が増えて圧力が高まります。

衝突 ➡ 圧力

容器の壁

▲気体状態にある原子の運動。

このような関係を見いだしたのは、アイルランド出身の**ロバート・ボイル**（1627〜1691年）です。彼はほかにも、音が真空を通り抜けないことや、炎は空気がないと燃えないことなどを示し、空気内に微粒子が含まれていることを示唆しました。この微粒子が、のちに原子とされるのです。

▲ロバート・ボイル。実証や実験、再現性（何度でも同じ結果が得られること）を重視し、錬金術を化学に変えた「近代化学の祖」とされる。

03 光の屈折はいかにして説明されたか
ホイヘンス 光の波動説

光の屈折

たとえば、水の中にストローを入れると、ストローは実際よりも短く見えます。これは、空気と水との境界で光が曲がるためです。

光が種類の違う物質に入っていくときに、境界面で曲がる現象を、**光の屈折**といいます。古代から知られており、イスラーム圏では理論化されていましたが、ヨーロッパでは**デカルト**（82ページ参照）と**ヴィレブロルト・スネル**（1580〜1626年）によって正しく定式化されました（**スネルの法則**）。

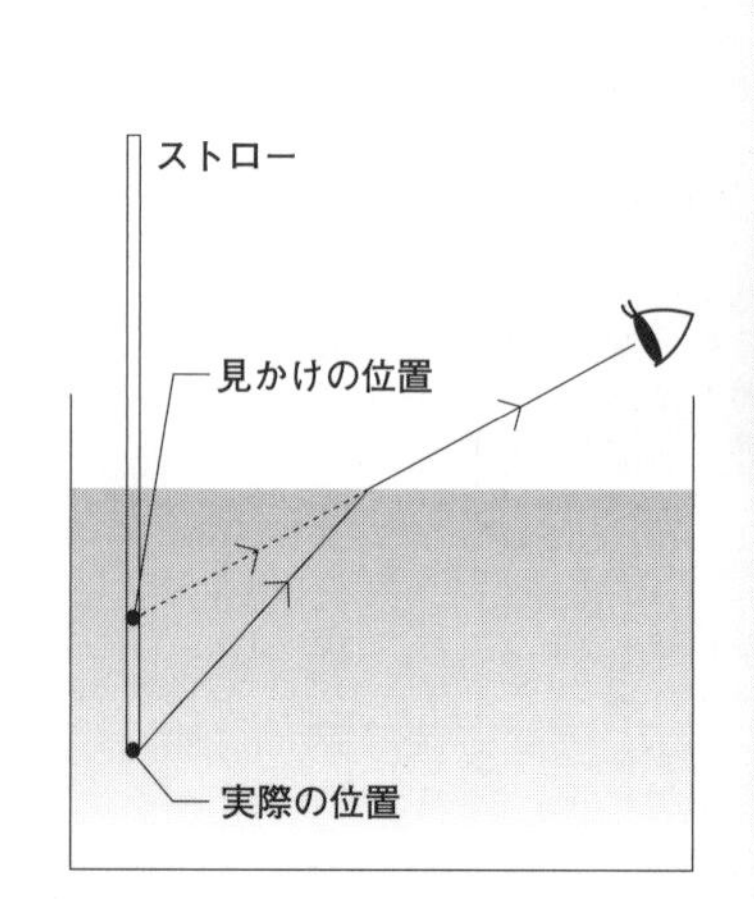

▼ストローの先端で反射した光が、水と空気の境界面で屈折する。

波としての光

この現象に、初めてきちんとした説明を与えたのは、**クリスティアン・ホイヘンス**（1

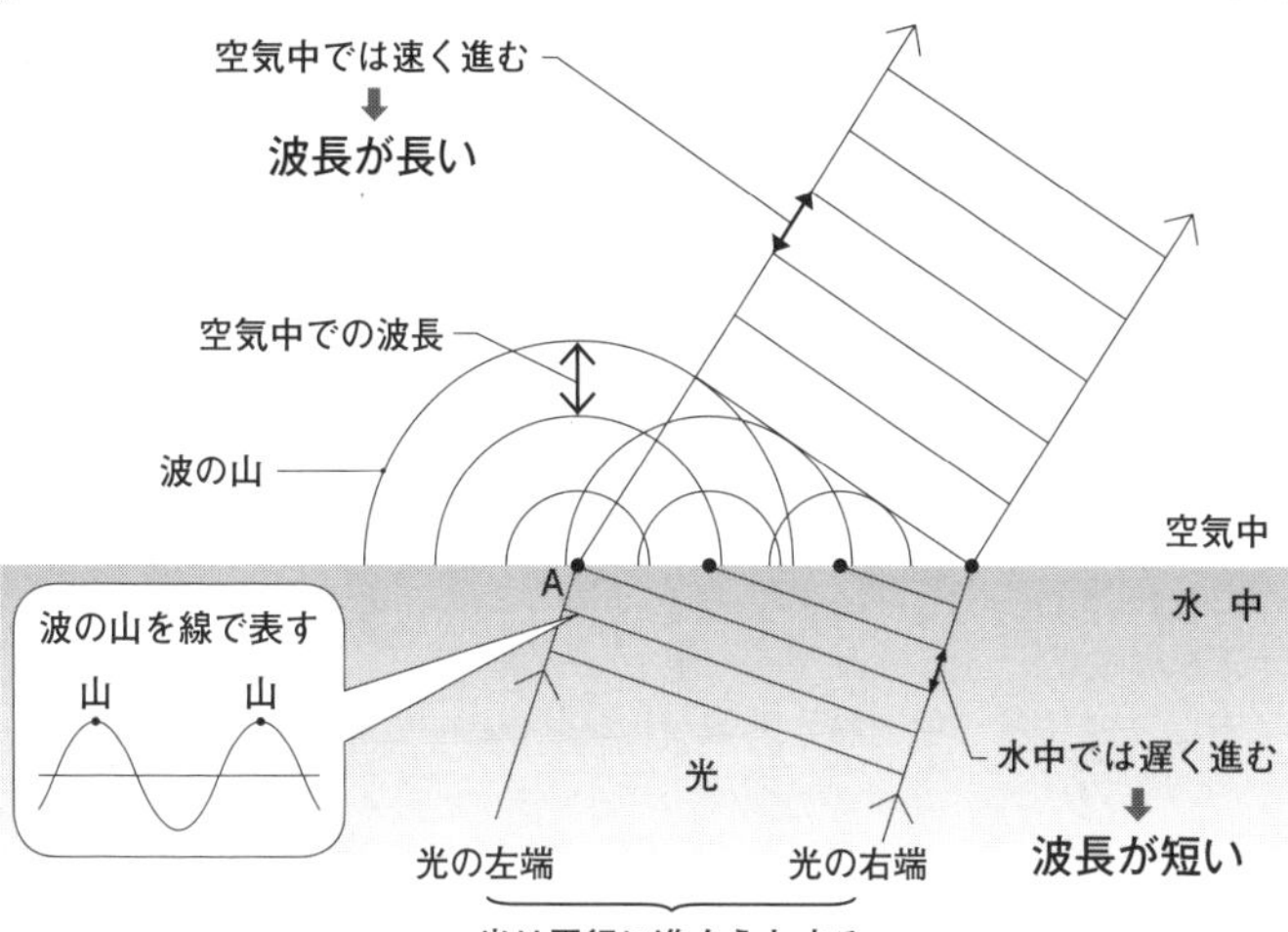

▲水の中から空気の中へ出ていく光の屈折を、光の波動説で説明した模式図。光の左端は、A点で水面から出ると速く進めるようになるが、光の右端はまだ水中なので遅くしか進めない。その速度の差のせいで、光は右側に曲がる。

629～1695年）が提唱した**光の波動説**、つまり、「光とは波である」という説でした。

光が波だとしたとき、光の屈折は、水中を進むときと空気中を進むときの、速さと**波長**（16ページ参照）の違いによって説明されます。波としての光は、水中のほうが空気中よりも遅くなり、波長が短くなるのです。

ホイヘンスは、波の伝わり方を考えるための**ホイヘンスの原理**も提唱しました。これは改良されながら今日（こんにち）も使われています。

▲クリスティアン・ホイヘンス。独自の望遠鏡により、土星の衛星タイタンや土星の輪を発見し、ガリレイも製作に失敗した振り子時計も発明した。

04

フックの法則

あらゆるものの伸び縮みを説明する

あらゆる伸び縮みを説明

ばねをおもちゃにして伸び縮みさせる子どもも、ジムでエキスパンダーを使って運動する大人も、知らず知らずのうちに、ある法則を体感しています。**フックの法則**です。

これは、ものの伸び縮みと、そこに加えている力とが、比例関係にあるという法則です。学校では、わかりやすいばねの伸びを通して学習されます。Fを加える力、kを**ばね定数**、xを伸び縮みの長さとして、

$$F=kx$$

の公式で表されることを、覚えていらっしゃる方も多いのではないでしょうか。また、加える力と同じ大きさで逆向きに、ばねがもとに戻ろうとする**弾性力**（だんせいりょく）も発生します。

このフックの法則はばねだけではなく、ボールの跳（は）ね返りやゴム、スポンジなど、伸び縮みするあらゆるものについて成立することがわかっています。

ニュートンのライバル

フックの法則を発見したのは、イギリスの

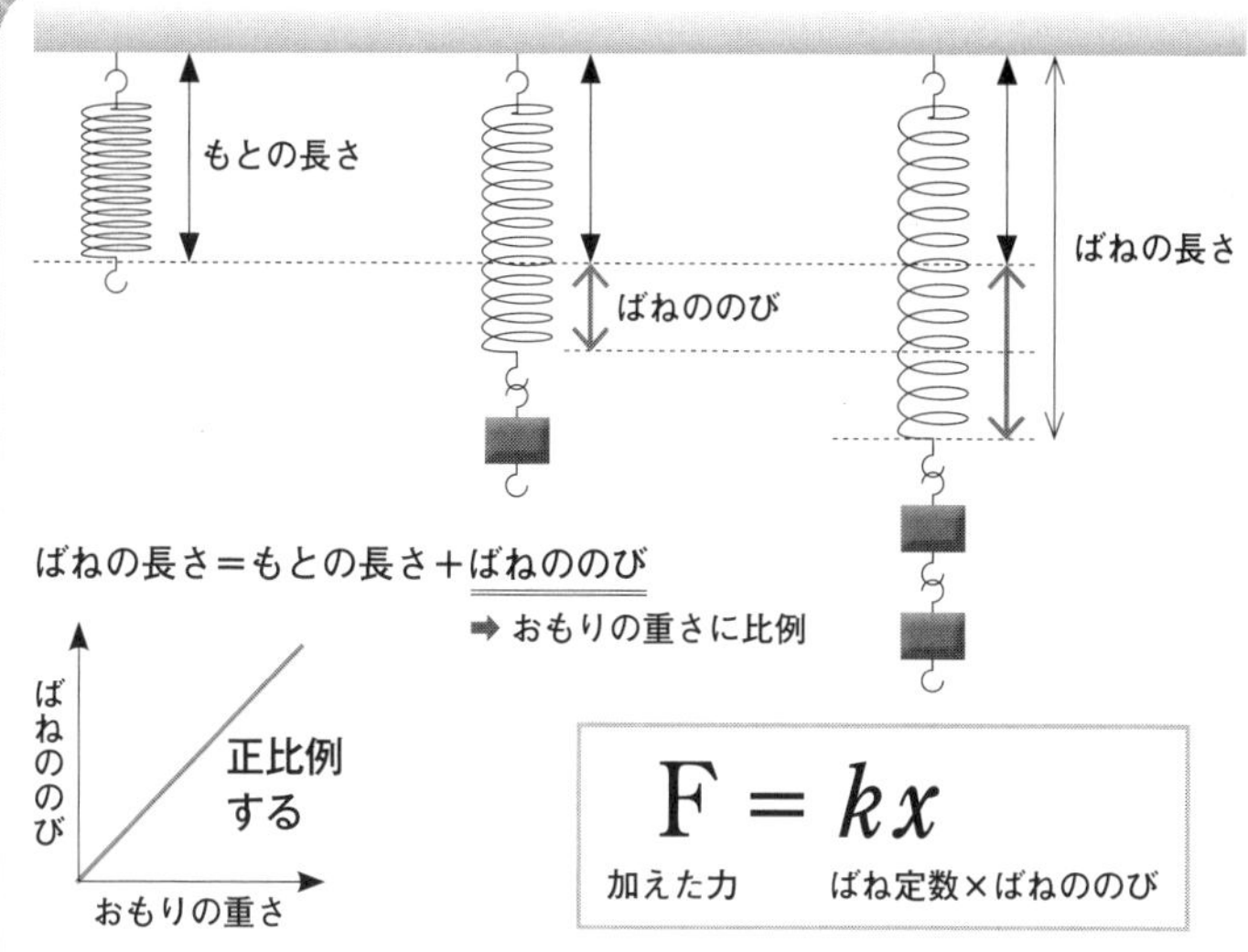

▲フックの法則。ただし、あまりに大きな力がかかると、ばねは完全にもとに戻ることはできなくなる。その限界値を「弾性限度」という。

科学者**ロバート・フック**（1635〜1703年）です。彼は若いころは**ボイル**（89ページ参照）の助手を務め、気体の法則を発見した実験にも技術面で協力したといいます。1660年、現存する最古の科学学会である**王立協会**（**ロイヤル・ソサエティ**）が、ボイルらを創立メンバーとしてロンドンで設立されると、フックも間もなく、これに所属します。

フックは、顕微鏡（けんびきょう）を使ったノミなどの観察や天体の研究、燃焼の理論など、多岐（たき）にわたって功績をあげました。だからこそ、彼よりも年少の**ニュートン**（94ページ参照）と、さまざまな点で論争をくり広げることになります。気難しいフックは悪感情をもたれ、死後に評判を落とされてしまったといいます。彼は肖像画も残されていないようです。

05 ニュートンの華麗なる業績

科学革命の主役にして古典力学の大成者

ニュートンの3大業績

イギリスの科学者**アイザック・ニュートン**（1642～1727年）は、コペルニクスを導火線とし、ガリレイ以降本格化した、**科学革命**の主役ともいえる人物です。世界一有名な科学者のひとりだといって間違いないでしょう。

▲アイザック・ニュートン。

その幅広い業績の内でも、特に偉大なものを3つ挙げれば、次のようになるとされます。

❶ 微分法・積分法の確立
❷ 万有引力の法則など力学への貢献
❸ 光学に関する発見

微分・積分の発明

微分（ニュートンは「流率法」と呼んでいました）とは、瞬間的な変化を調べる方法であり、何かの関数について、極小の変域における変化の割合を求めることです。

積分とは、微分の逆です。変化するものの瞬間ごとのあり方を足し合わせて、全体像をつかむようなイメージです。

微分・積分というと、「数学の話か。物理には関係ないな」と思う方もいらっしゃるかもしれません。しかしニュートンは、**デカルト**の方法論（83ページ参照）を受け継ぎ、数学的アプローチによって物理を研究するスタンスを取りました。これは現在に至るまで、自然科学の基本姿勢とされています。

ニュートンは、全宇宙を貫き、地上の物体と天体の両方を支配する物理法則を、数学的に記述することをめざしました。微分・積分もそのために発明されたものであり、現在も、物理に欠かせないツールになっています。

▼微分法・積分法は、同時代のゴットフリート・ライプニッツも独自に考案していた（108ページ参照）。

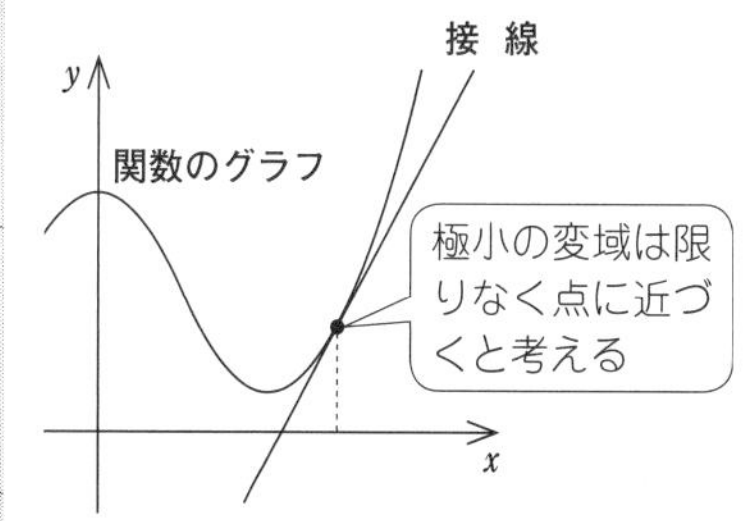

微分は、関数のグラフで考えると、ある点における接線の傾きを意味する。

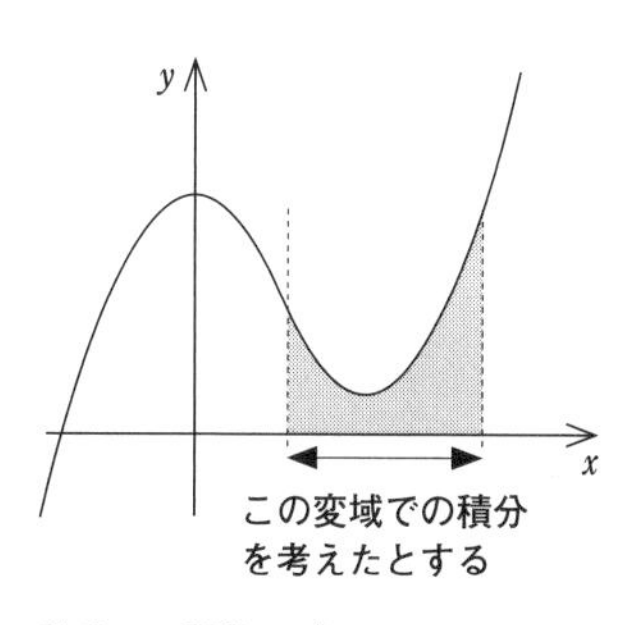

積分は、関数のグラフで考えると、そのグラフと x 軸によって囲まれる領域の面積を意味する。

06

運動の3つの法則と万有引力

不滅の法則 ニュートン力学

運動の第1法則（慣性の法則）

ニュートンが1687年に発表した『**プリンキピア**』（『自然哲学の数学的諸原理』）は、「史上最高の物理学の本」ともいわれていいます。この本で体系化された**ニュートン力学**は、**古典力学**（10ページ参照）の代表格ともいうべき、非常に完成度の高いものです。

ニュートン力学の基礎には、ニュートンが導き出してまとめた、運動に関する3つの法則があります。

運動の第1法則は、「静止している物体、または等速直線運動をしている物体は、外から力を加えられない限り、その状態を維持する」というものです。

どこかで見たことがありますね。そう、本書でも何度も取り上げた、**慣性の法則**です。ヨーロッパでは、**ガリレイ**がこれに気づいていましたし（77ページ参照）、**デカルト**もこれを運動の基本だと述べていました。

運動の第2法則（運動方程式）

運動の第2法則は、次のようなものです。

運動の第1法則

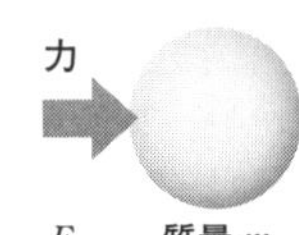

運動の第2法則

運動の第3法則

▲ニュートンのまとめた、運動の3法則。

物体に力がはたらくとき、物体には、力と同じ向きの**加速度**が生じます。そしてこの加速度の大きさは、❶**加えられた力に比例**し、❷**物体の質量に反比例**します。

つまり、❶大きな力を加えると、その分だけ大きく加速するし、❷質量が大きいものは、その分だけ動かしにくい、ということです。加えた力の向きと加速度の向きが同じになることも含めて、とてもイメージしやすい法則だといえます。この感覚的なわかりやすさが、ニュートン力学の強みです。

この法則は、Fを力、mを質量、aを加速度として、

F=ma

という公式にまとめることができます。これを**運動方程式**といいます。

運動の第3法則（作用・反作用）

運動の第3法則は、ある物体Aが別の物体Bに力を加える（**作用**する）とき、物体Bは物体Aに対して、同じ大きさの力を反対向きに加えている（**反作用**する）というものです。**作用・反作用の法則**とも呼ばれます。

たとえば手で壁を押すとき、手は「壁から押されている」ような力を感じますね。作用・反作用の法則も、日常生活のあらゆる場面に見いだすことができます。私たちが歩くことができるのも、地面を蹴った反作用の力を受けるからなのです。

これら3つの法則は、物体の運動を理解しようとするときに欠かせないものであり、これらをまとめ上げただけでも、物理学の理論として重要なものだといえます。しかしニュートンの『プリンキピア』には、これらをしのぐほど重要な発見が記されています。「万有引力の法則」です。

万有引力の法則

古代から人々は、たとえばリンゴに重みがあることを、もちろん知っていました。つまり、地上の物体に重力がはたらくという物理法則を知っていたのです。しかし**アリストテレス**は、「月よりも下の世界と、月よりも上の世界は、違う原理に支配されている」と考え、その理論が権威をもっていました。

これに対して**デカルト**が、「物理法則は宇宙全体を貫いている」と主張します。その影響のもと、ニュートンは、「地上の物体にはたらく重力と同じものが、天体の回転にもはたらいているのではないか」と考えたのです。そして、「宇宙のすべてのものに引力が作用する」という**万有引力の法則**を証明します。

ニュートンの時代には、地動説はもう一般に受け入れられており、月が地球のまわりを回っていることも知られていました。**慣性の法則**からすると、外からの力がはたらかなければ、月は等速直線運動をするはずです。それがほぼ円運動をしているのは、地球の**重力**との間で絶妙のバランスが生じているせいではないかと、ニュートンは仮定します。

さらに彼は、自分の観測と計算から、「**万有引力は、距離の2乗に反比例する**」という仮説を立てました。そして、**ケプラー**の惑星運動の第3法則（81ページ参照）を用いると、これを証明することができたのです。

宇宙を支配する万有引力（重力）の法則は、こうして発見されたのでした。

▼万有引力の法則。万有引力 F は、m_1 と m_2 の大小にかかわらず、つねに同じ大きさで向かい合う。

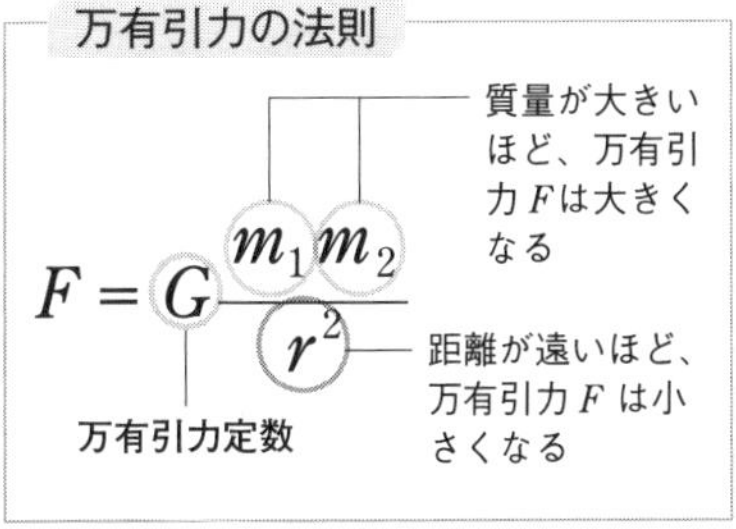

万有引力の法則

$$F = G\frac{m_1 m_2}{r^2}$$

質量が大きいほど、万有引力 F は大きくなる

距離が遠いほど、万有引力 F は小さくなる

万有引力定数

07

ホイヘンスらとの激しい論争も！

光は粒子か？ ニュートンの光学

プリズムによる分光

力学の分野で輝かしい業績を刻んだニュートンですが、彼の最初の大発見は、**光学**の分野でのものでした。

ガラスなどでできた透明な三角柱を、**プリズム**といいます。ニュートンはこのプリズムに光を当てる実験を行いました。暗くした部屋の中で、ひと筋の太陽光をプリズムに当てると、白かった光はプリズムから出るとき、紫・藍・青・緑・黄・オレンジ・赤という虹のような7色に分かれます。

このプリズムによる**分光**は、光のもつ波としての性質（90ページ参照）によるものです。プリズムに入ってくる**白色光**は、さまざまな波長の光を含んでいます。これがプリズムの中で**屈折**するとき、波長が短い紫の光は大きく曲げられ、波長が長い赤の光はあまり曲げられません。これを**光の分散**といいます。

ニュートンはこの実験を通して、光の中に動きの速いものと遅いものがあることや、太陽の白色光にはすべての色が混じっていることを発見しました。

ただし、ニュートンは光を、波ではなく粒子だと考えていました。

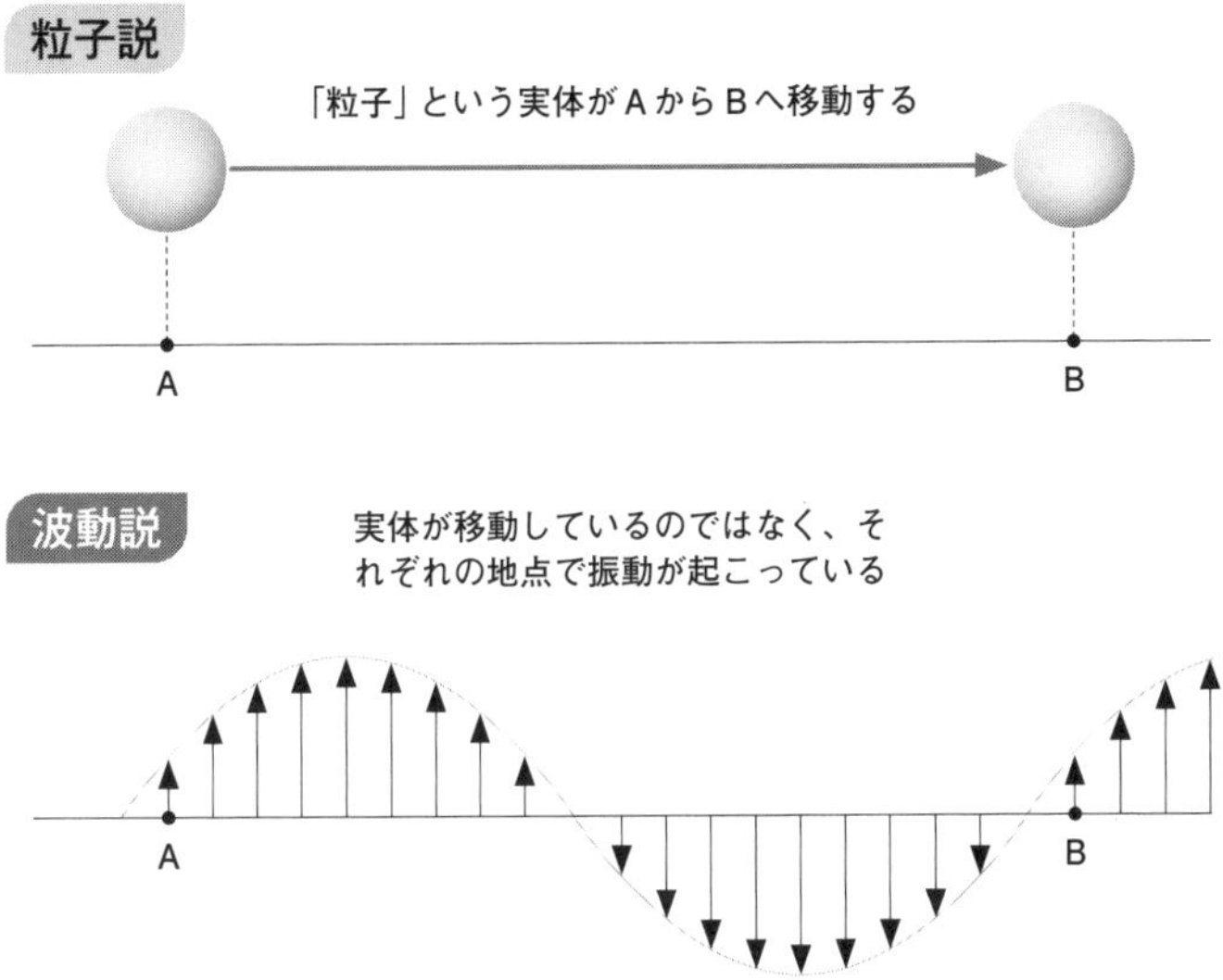

粒子説

「粒子」という実体がAからBへ移動する

A

B

波動説

実体が移動しているのではなく、それぞれの地点で振動が起こっている

A

B

▲光の粒子説と波動説のイメージ。

波動説と粒子説

ニュートンの時代には、**ホイヘンス**が唱えた**光の波動説**（90ページ参照）が有力視されていました。これに対してニュートンは**光の粒子説**を提唱し、論争になります。ニュートンは、「影は明白な境界をもっているが、光が波だとすれば、波がその境界のまわりを波立たせるはずだ」と、波動説を批判しました。

じつは今日（こんにち）では、ニュートンとホイヘンス、どちらの研究の成果も正しかったとされています。

結局、光は粒子なのでしょうか、それとも波なのでしょうか？　これはのちにも、大問題として話題にのぼってきます。

08

人間が電気を操作できるようになっていく

静電気をためるライデン瓶

電気への気づき

冬に衣類などを脱ぐと、パチパチと音がすることがあります。摩擦によって生じた**静電気**が放出されることで起こる現象です。

2種類の物質をこすり合わせると、一方から他方に、負の**電荷**をもつ**電子**（18ページ参照）が移動します。電子をもらったほうは全体として負の電気を帯び、逆に電子を失ったほうは正の電気を帯びます。こうして物質にたまった電気を静電気といい、たまっていた電気が放出されることを**放電**といいます。

人類は古代から、静電気などを通して電気に気づいていました。ヨーロッパでは17世紀ごろから、電気の研究が生まれてきます。

1729年、イギリスの科学者**スティーヴン・グレイ**（1666〜1736年）が、物質には電気を通す**導体**と、通さない**絶縁体**があることを発見しました（**電気伝導**の発見）。

そして、1732年にグレイの実験を見たフランスの化学者**シャルル・フランソワ・デュ・フェ**（1698〜1739年）はやがて、電気

▲デュ・フェ。

に異なる2極があり、同じ極なら反発し合い、違う極なら引き合うことを発見しました。

ライデン瓶の発明

摩訶不思議な力である電気を、ため込むことはできないかということで、考え出された装置が**ライデン瓶**です。

1745年、ドイツ出身の科学者**エヴァルト・ゲオルク・フォン・クライスト**（1700〜1748年）が、ガラス瓶の内側に銀の薄膜を貼って水を入れ、その水に電気をためようとしました。すると水ではなく、銀の薄膜に電気がたまります。オランダの科学者**ピーテル・ファン・ミュッセンブルーク**（1692〜1761年）はこれを改良し、ガラス瓶の内側と外側に金属膜（導体）を貼った装置を発明しました。これがライデン瓶で、導体の表面に静電気をためる、世界初の蓄電器でした。

▲ミュッセンブルーク。

▼ライデン瓶の模式図。オランダのライデン大学で発明されたことからこの名がついた。

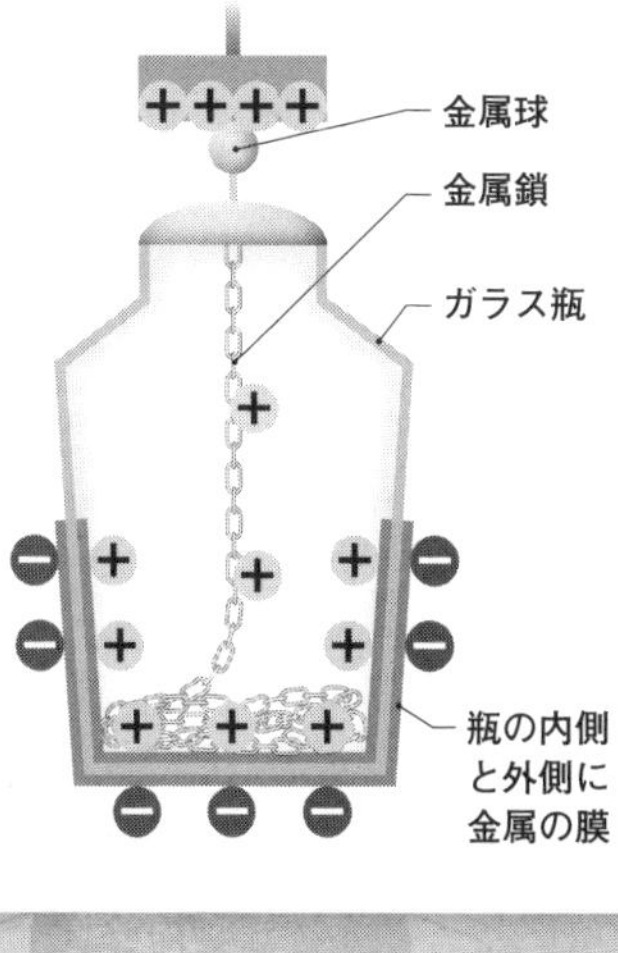

09

初期の電気研究者たち

フランクリンは雷が電気だと証明！

フランクリンの命がけの実験

1752年、雷の多い日のこと。ある人物が、悪天候の中、針金をつけた凧を空高く上げていました。突然、凧糸が毛羽立ちます。手もと近くの凧糸には鍵がつながれていて、その鍵から凧の持ち主の指輪に火花が飛びました。電気だと確信した持ち主は、この雷の電気を、**ライデン瓶**に蓄えました。

この実験を行ったとされる人物こそ、科学者にして、アメリカ独立宣言の起草者としても名高い**ベンジャミン・フランクリン**（17

▼フランクリンが行ったとされる実験の模式図。非常に危険なので、絶対に真似をしてはいけない。

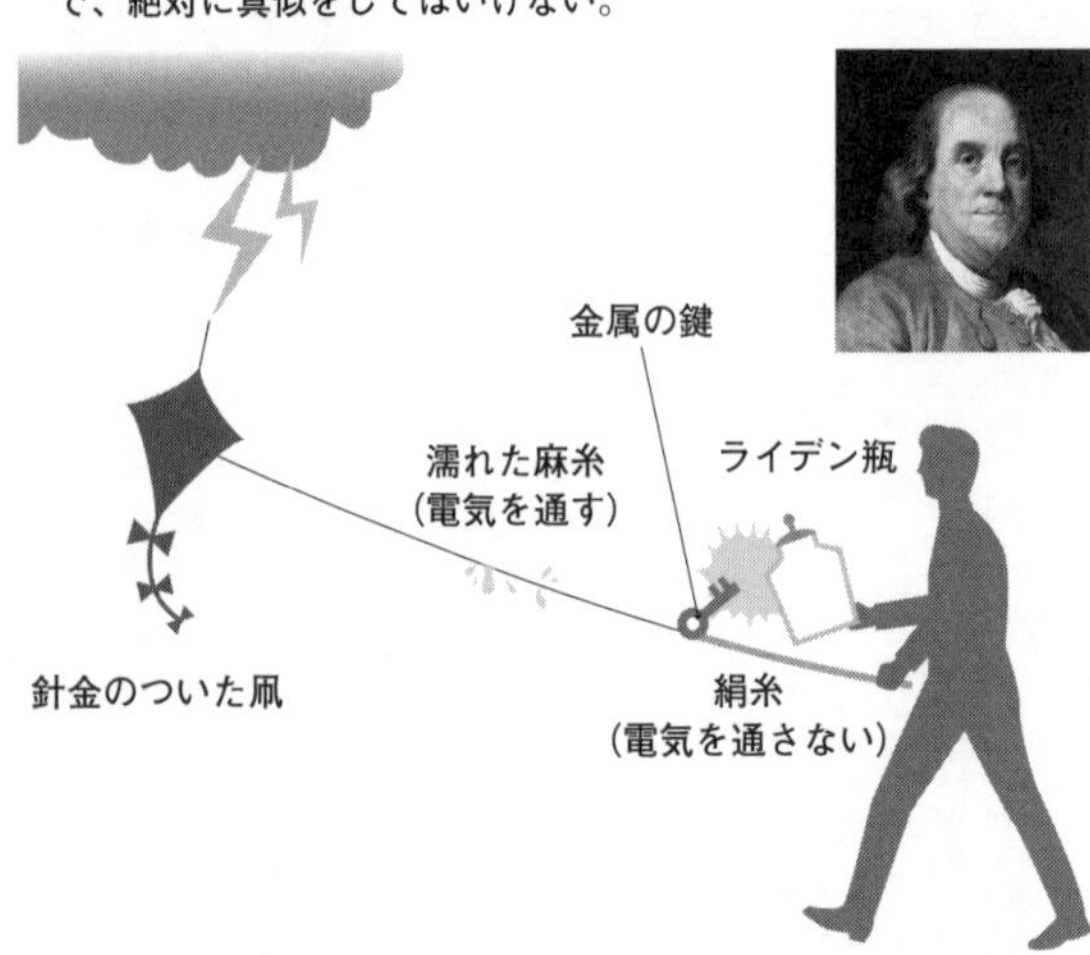

06～1790年）です。こうして彼は、雷が電気であることを立証したのでした。

クーロンの法則の発見

1773年、イギリスの科学者**ヘンリー・キャヴェンディッシュ**（1731～1810年）が、電荷をもった粒子の間にはたらく引力と斥力（19ページ参照）についての、**クーロンの法則**を発見しました。その力（**クーロン力**）は、それぞれの粒子がもつ電荷の積に比例し、距離の2乗に反比例します。**ニュートンの万有引力の法則**（99ページ参照）に似ていますが、重力よりも電気のクーロン力のほうが桁外れに強力です。

▲ヘンリー・キャヴェンディッシュ。

▼クーロンの法則。キャヴェンディッシュは、自分の発見の先取権を主張しなかった。そのため、のちにフランスの物理学者シャルル・ド・クーロン（1736～1806年）が同じ法則を再発見すると、法則にはクーロンの名がつけられた。

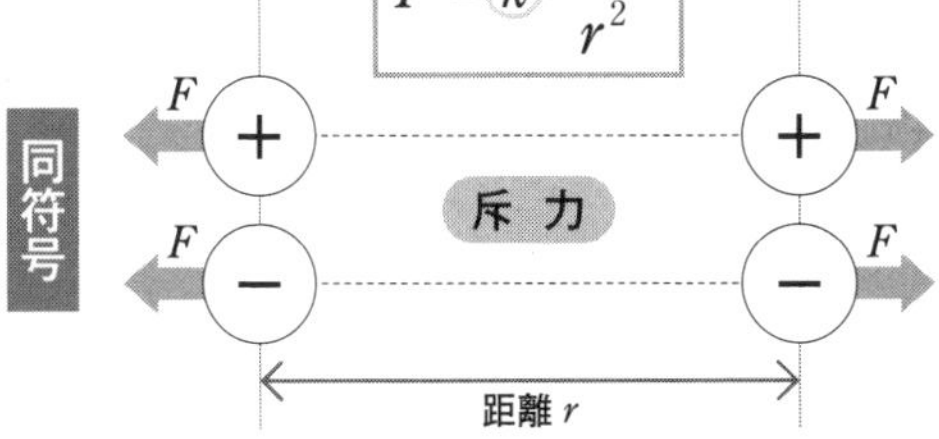

10 ボルタと電池の発明

電気の研究はカエルの脚から!?

ガルヴァーニの実験と動物電気

電気を蓄える装置として、18世紀半ばに**ライデン瓶**（103ページ参照）が登場しましたが、これは蓄えた電気を一瞬で放電してしまうものでした。

電気を長時間流しつづける装置として、イタリアの物理学者**アレッサンドロ・ボルタ**（1745～1827年）が18世紀末に発明したのが、**ボルタ電堆**（でんたい）と**ボルタ電池**です。

▲アレッサンドロ・ボルタ。

ボルタに影響を与えたのは、1780年にイタリアの医師**ルイージ・ガルヴァーニ**（1737～1798年）が行った実験でした。カエルの脚（あし）に金属を接触させると、脚がピクリと動くのです。ガルヴァーニはここから、「生物の筋肉に蓄えられている**動物電気**が筋肉を収縮させるのだ」と主張します。ボルタも動物電気の存在を信じて、1790年代に実験を行い、これを研究しました。

しかし彼はやがて、2種類の金属を接触させたとき、電気が流れるという現象に気づきます。

ボルタ電堆とボルタ電池の発明

この現象からボルタは、「筋肉に電気が蓄えられているのではなく、金属に蓄えられていた電気に筋肉が反応したのではないか」と考えるようになりました。

そして、2種類の金属の接触から電流を発生させる研究を続けた結果、銅と亜鉛の円盤を交互に重ね、それらの間に湿らせた布をはさみ込むと、強い電流が得られることを発見したのです。この装置が、ボルタ電堆です。

そしてこのボルタ電堆を改良して、ボルタ電池が作られました。世界で最初に化学反応から電気を取り出した電池だとされます。

＋
銅
亜鉛
塩水で湿らせた布
－

▲ボルタ電堆の模式図。

▼ボルタ電池の原理を再現した模式図。希硫酸に亜鉛版と銅板を入れる。亜鉛が希硫酸に溶け出すときに放出される電子が、導線を通して銅板へ流れていき、銅板上で、希硫酸の中の水素イオンと結合する。この「電子の流れ」と逆向きに、電流が流れる。

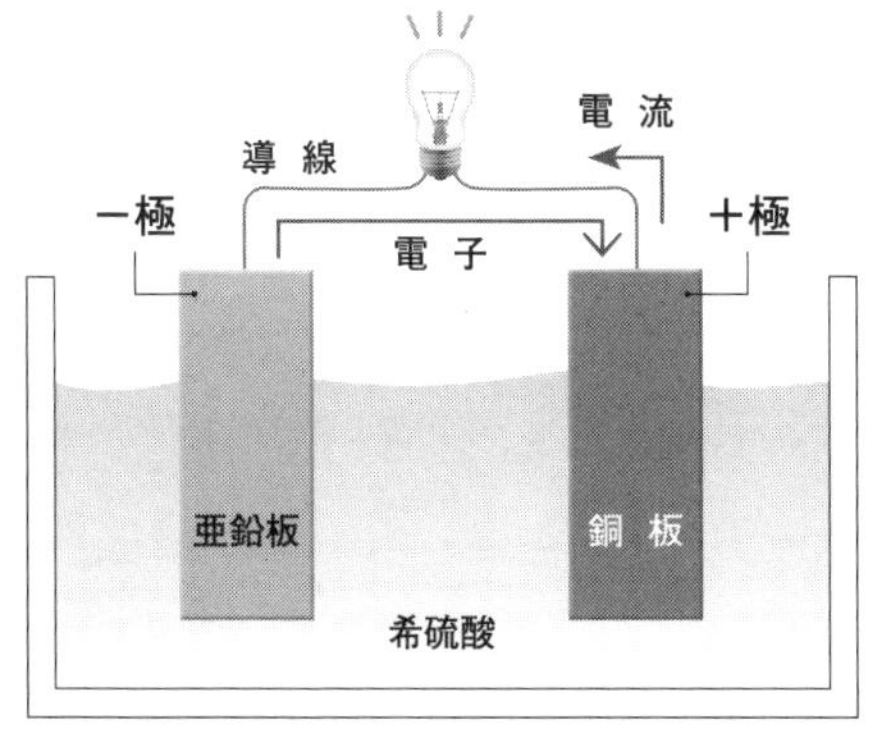

11

オイラーの活躍と解析力学の誕生

数学の発展と物理学

業績の多すぎるオイラー

物理学の歴史を語るとき、欠くことのできない要素に、数学の発展があります。

少しさかのぼると、17世紀前半に**デカルト**が**座標**を考案し（84ページ参照）、関数の変化などを扱う**解析学**を確立しました。その上で**ニュートン**と**ゴットフリート・ライプニッツ**（1646〜1716年）が、**微分法**・**積分法**（94ページ参照）を発明しています。

18世紀に現れ、数学と物理学の双方で活躍したのが、スイスの**レオンハルト・オイラー**（1707〜1783年）です。

▲レオンハルト・オイラー。

その膨大な功績の中から一例を挙げましょう。

ニュートン力学における「運動」は、大きさをもたない**質点**（38ページ参照）の動きであり、その物体自体の回転を説明できなかったのですが、オイラーはずば抜けた数学能力を駆使しつつ、大きさをもつ**剛体**（力が作用しても変形しない、物体の理想モデル）の回転をも説明する運動方程式を作りました。

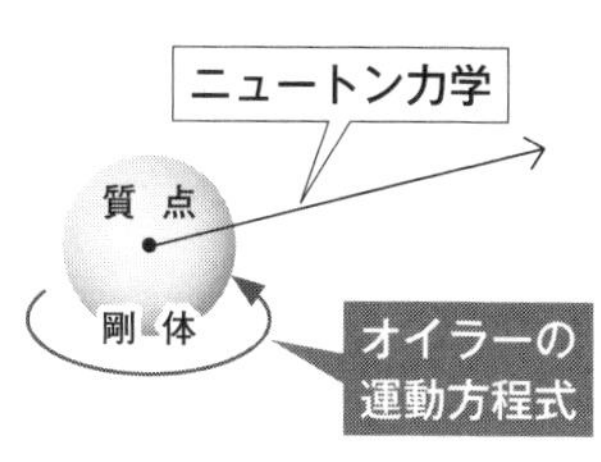

▼大きさのない「質点」の運動と、大きさのある「剛体」の運動の比較イメージ。

こう述べると、これがオイラーのおもな業績のように見えるかもしれませんが、彼は「人類史上最も多くの論文を書いた」といわれる学者で、あらゆる分野で信じられないほどの発見をしています。

ラグランジュと解析力学

フランスの**ジョゼフ＝ルイ・ラグランジュ**（1736〜1813年）も、微分法・積分法を力学などに応用した物理学者で、オイラーと並んで18世紀を代表する数学者だといわれます。

▲ジョゼフ＝ルイ・ラグランジュ。

▲ピエール・ド・フェルマー。

彼は、17世紀の偉大な数学者**ピエール・ド・フェルマー**（1607〜1665年）の考案した**変分原理**という理論を用いることで、ニュートン力学をより一般化して解析学的に再公式化した、**解析力学**という力学体系を確立しました。

近代以降の物理学は、数学と結びつくことで、飛躍的に発展していったのです。

12 古典力学で未来のすべてを知りうるか？
決定論と「ラプラスの悪魔」

宇宙の未来は完全に予知できる⁉

ニュートン力学が高い完成度で屹立（きつりつ）し、多くの物理学者や数学者がそれをさらに改良して、19世紀初めごろには、**古典力学**はゆるぎない形に鍛（きた）え上げられたように見えました。

そんな中、フランスの物理学者・数学者**ピエール＝シモン・ラプラス**（1749〜1827年）は、次のようなことを考えました。

▲ピエール＝シモン・ラプラス。

▼「ラプラスの悪魔」のイメージ。

ある時点での、あらゆる物質の状態と、そこにはたらくあらゆる力を、知性によって完全に把握した！

↓

力学によって自然界の変化を完全に計算し尽くすことができる

↓

宇宙全体の未来を、隅から隅まで完璧に予知できる！

——もしも、「ある時点の宇宙における、あらゆる物質・物体の状態と、そこにはたらく力」を、完全に把握した「知的存在」が存在するなら、その知的存在は、力学理論を用いて、宇宙の未来がどうなるか、くまなく完璧に予知できるはずだ。

ここに出てくる「知的存在」は、**「ラプラスの悪魔」**と呼ばれます。

古典力学への信頼と決定論

力学が、あらゆる物体の運動・変化を正確に記述できるのだとしたら、ラプラスの考えは正しいことになります。もちろん実際は、宇宙に存在するすべての物体の力学的状況を知り、さらにそれぞれを力学的に分析することなど、人間程度の「知的存在」には不可能ですが、広い宇宙を見渡せば、そのような「悪魔」的に高度な知性をもつ宇宙人や、計算機械が出てこないとも限りません。

「ラプラスの悪魔」は、高度に洗練されていく古典力学に対する、科学者の信頼を表すものだといえます。しかし同時に、とても恐ろしい考え方ではないでしょうか。宇宙には不確定なものや、偶然のはたらく余地などなく、すべてが力学の法則に従って、決められたとおりに進んでいくというのですから。

「すべてはすでに決められている」という考え方を、**決定論**といいます。「ラプラスの悪魔」の決定論は正しいのでしょうか。その答えは20世紀に、**量子論**が出すことになります。

COLUMN 04

平賀源内のエレキテル

ヨーロッパでは、17世紀ごろから電気の研究が始まり、18世紀にかけて徐々に電気の性質が明らかにされていきましたが、そのころ日本にも、電気について考えていた人がいました。

平賀源内（ひらがげんない）（1728〜1780年）こそ、その人です。源内はもとは武家の生まれでしたが、長崎に遊学（ゆうがく）してオランダ語など西洋の学問にふれたのち、妹に婿養子（むこようし）を取らせて家を継がせると、自分は学者としてさまざまな分野で活躍を始めます。

その活躍は、漢方医学・戯作（げさく）・陶芸（とうげい）・鉱山開発・油絵など、文系・理系・芸術の多分野にわたる万能ぶりで、「土用の丑（どようのうし）の日にうなぎを食べる」というキャッチコピーを考えたのも源内だといわれています。

多彩な活躍をした源内ですが、なかでも有名なのが、**エレキテル**の復元・改善です。

エレキテルは、ハンドルを回すと木箱の中で摩擦が起こり静電気が発生、それをため込み放電するという装置です。発生した静電気をためておくためには、**ライデン瓶**（103ページ参照）が用いられていました。オランダで発明され、宮廷（きゅうてい）での見世物（みせもの）や医療器具として用いられていました。

平賀源内は、壊（こわ）れたエレキテルを長崎で手に入れると、これを持ち帰りました。そして独自の考えのもと、蓄電（ちくでん）装置・摩擦装置などの構造に改善を加えつつ復元したのです。

熱と電磁気の新しい物理学

01

社会の変化と物理学が相互に影響！

産業革命と物理学の発展

蒸気機関の発明

18世紀初頭、**トマス・ニューコメン**（1664～1729年）は、燃料を燃やして得た熱エネルギーを、水蒸気を利用して動力に変える、世界初の実用的な**蒸気機関**を開発しました。18世紀後半には**ジェームズ・ワット**（1736～1819年）がこれを改良し、効率を飛躍的に上げることに成功します。

こうして作られた蒸気機関は、幅広い分野で機械の動力になり、18世紀半ばから19世紀にかけて、全世界の**産業革命**を推進しました。

熱力学や電磁気学が生まれる

ニューコメンもワットも、物理学者ではなく発明家です。彼らの蒸気機関は、経験の積み重ねから生まれたもので、理論的な裏づけはありませんでした。蒸気機関の効率をさらに上げるには、理論的な研究も必要になります。そこから、物理学の一分野として、19世紀に**熱力学**が確立されることになるのです。

同じころ、物理学者たちは電気と磁気に関する発見も積み重ね、これを利用するすべを模索していきます。**電磁気学**の誕生です。

ニューコメンの蒸気機関

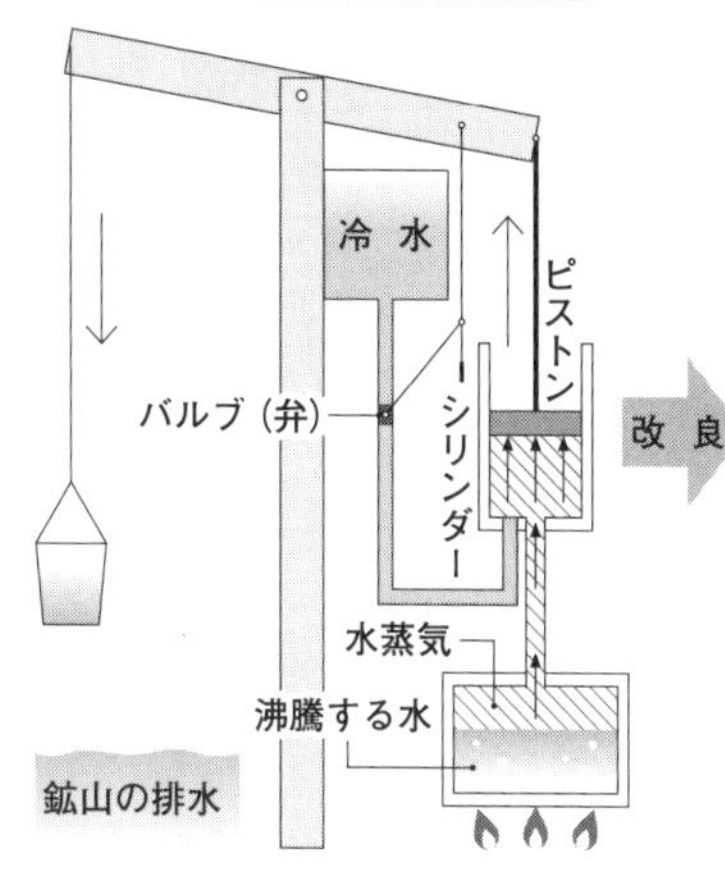

改 良

ワットの蒸気機関

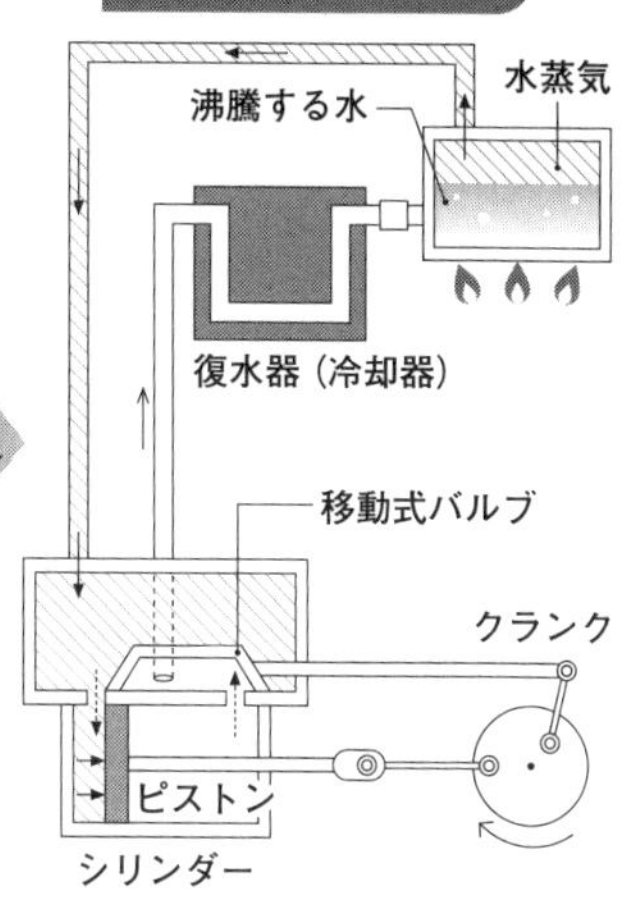

発生した水蒸気が
ピストンを押し上げる
↓
ピストンが上がりきる
↓
弁が開いて冷水が流れ込む
↓
シリンダー内が減圧される
↓
ピストンにかかる大気圧に
よってピストンは下がる

ピストンが端までくると
バルブが移動する
↓
反対側に水蒸気が入ってくる

優れた点

❶ シリンダー外で水蒸気を冷却
➡ 燃料が効率よく使える
❷ シリンダーの両側に水蒸気が入る
➡ 大きな力が出る
❸ 往復運動を回転運動に変えた
➡ 利用範囲が広がる

▲ニューコメンが実用化し、ワットが改良した蒸気機関によって、蒸気が動力になった。

02 原子論復活を叫んだドルトン

古代の知恵をアップデートせよ

気体の研究からの発見

イギリスの化学者・物理学者・気象学者**ジョン・ドルトン**（1766〜1844年）は、ふたつの重要な法則を発見しました。

ひとつめ、1802年に発見された**倍数比例の法則**を理解するために、**水素**（H）と**酸素**（O）が化合して、**水**（H_2O）や**過酸化水素**（H_2O_2）になるときのことを考えましょう。

▲ジョン・ドルトン。

水においては、水素1グラムに対して結合する酸素は8グラム。過酸化水素においては、水素1グラムに対して結合する酸素は16グラムです。つまり、同じ質量の水素と結合する酸素の質量は、8：16＝1：2という簡単な整数比を示します。

この、「一方の同一質量の元素と反応するほかの元素の質量は、簡単な整数比となる」という法則が、倍数比例の法則です。

ふたつめの**ドルトンの法則**は、気体の圧力に関する法則で、複数の成分が混合された混合気体の圧力は、図のように、各成分に分けたときの圧力を足したものに等しい、という経験法則です。

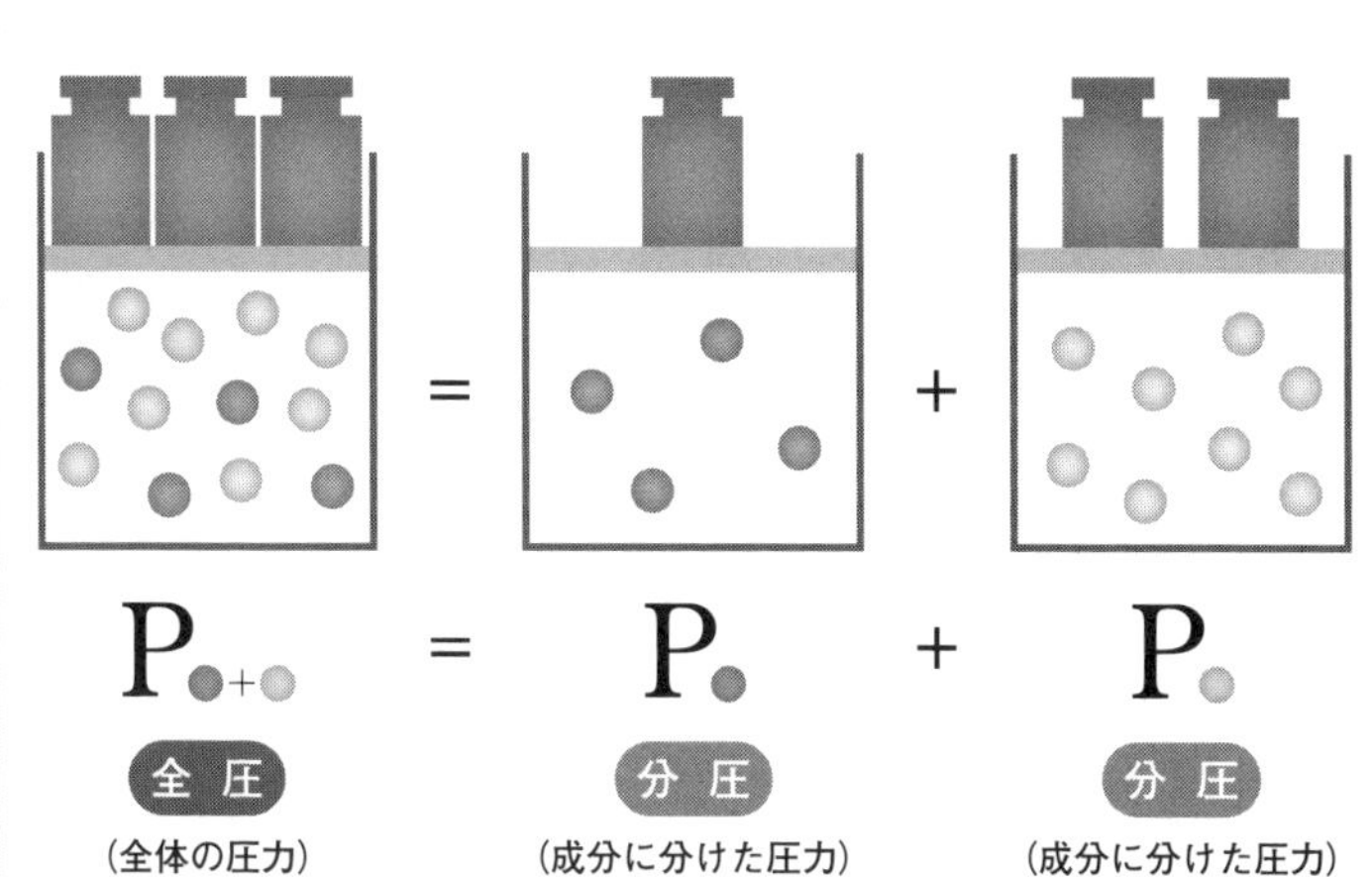

▲ドルトンの法則。混合気体の圧力は、各成分に分けたときの圧力の和に等しい。この法則が成り立つのは、気体が原子でできているからだと、ドルトンは考えた。

原子の復活！

ドルトンはこれらの法則を、最小で分割不可能な粒子、すなわち、**デモクリトス**らの唱えた**原子**の概念（48ページ参照）をもち出して説明しました。倍数比例の法則やドルトンの法則は、水素や酸素や混合気体を構成する元素が、「ひとつ」「ふたつ」と数えられる原子で構成されているからこそ成立する法則なのだと、ドルトンは主張したのです。

現代物理学の視点からいうと、ドルトンの**原子説**は誤った部分も多く、その大部分が後世に修正されることになるのですが、それでも、ドルトンが物理学の新たな道を切りひらいたといっても過言ではないでしょう。

03 ボイル＝シャルルの法則の発見

気体の温度・圧力・体積の関係

気体のふたつの法則

ボイルの法則を覚えていますか？「一定の温度のもとでは、気体の圧力と体積が反比例する」というものでした（88ページ参照）。

気体の温度と圧力と体積について、もうひとつ別の法則があります。「一定の圧力のもとでは、気体の体積は温度に比例する」、つまり、温度が上がるほど気体は膨張するというものです。

この法則は、1770年代に**キャヴェンディッシュ**（105ページ参照）によって発見されていたことがわかっています。しかしキャヴェンディッシュはこれを発表しませんでした。1787年、フランスの物理学者**ジャック・シャルル**（1746〜1823年）が独力でこの法則を発見しますが、彼も公表していません。

1802年、フランスの化学者・物理学者**ジョセフ・ルイ・ゲイ＝リュサック**（1778〜1850年）が、この法則の最初の発表者となります。しかし、法則は**シャルルの法則**と名づけられました。

▲ゲイ＝リュサック。

ボイルの法則

温度一定のもとで

圧力 P　体積 V

小　大

大　小

圧力 $2P$　体積 $\frac{V}{2}$

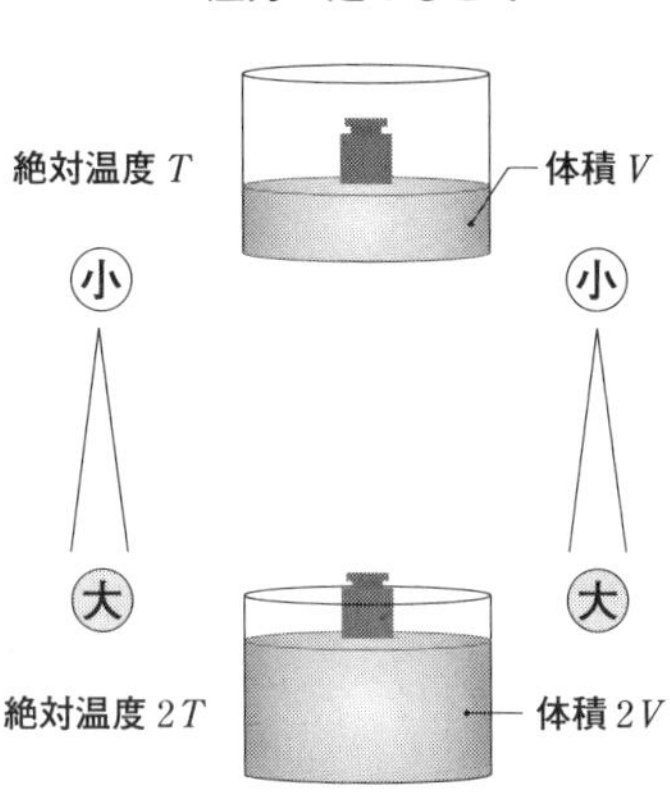

▲ボイルの法則とシャルルの法則を統合したものが、ゲイ＝リュサックの定式化したボイル＝シャルルの法則である。

理想気体にのみ成立

ボイルの法則とシャルルの法則をひとまとめにして、**ボイル＝シャルルの法則**といいます。ただ、これらの法則は、自然界に実際にある気体を用いて実験すると、うまく当てはまりません。分子の間ではたらく力（**分子間力**といいます）や、分子自体の体積などの影響で、気体の体積が温度には比例しなかったり、圧力と体積がきれいに反比例しなかったりするのです。

ボイル＝シャルルの法則が正確に成り立つような、分子間力や分子体積を無視した、理論上の理想的な気体を、**理想気体**と定義します。

04

スリットのある衝立で光の干渉を見いだした

光の正体は？ ヤングの実験

粒子と波の大問題

「光の正体は粒子なのか、波なのか」という本質的な問題は、長らく物理学者たちを困らせることになります。

17世紀には、**ホイヘンス**が光の波動説を主張し（91ページ参照）、**ニュートン**は粒子説のほうを取りました（100ページ参照）。

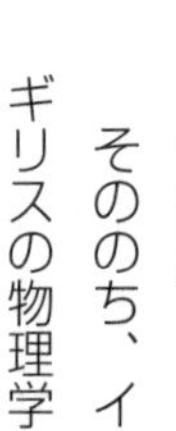

▲トマス・ヤング。

そののち、イギリスの物理学者**トマス・ヤング**（1773〜1829年）は、**光の干渉**を再発見します。干渉とは、波に関して起こる現象なので（17ページ参照）、彼は光の波動説を主張しました。

光の干渉を確認した実験

19世紀初頭に行われたヤングの実験では、図のように、光源から発せられた光が、平行なふたつのスリットを通って、その先の衝立（ついたて）に到達します。

もし光が粒子だとすると、光はただ直進し、

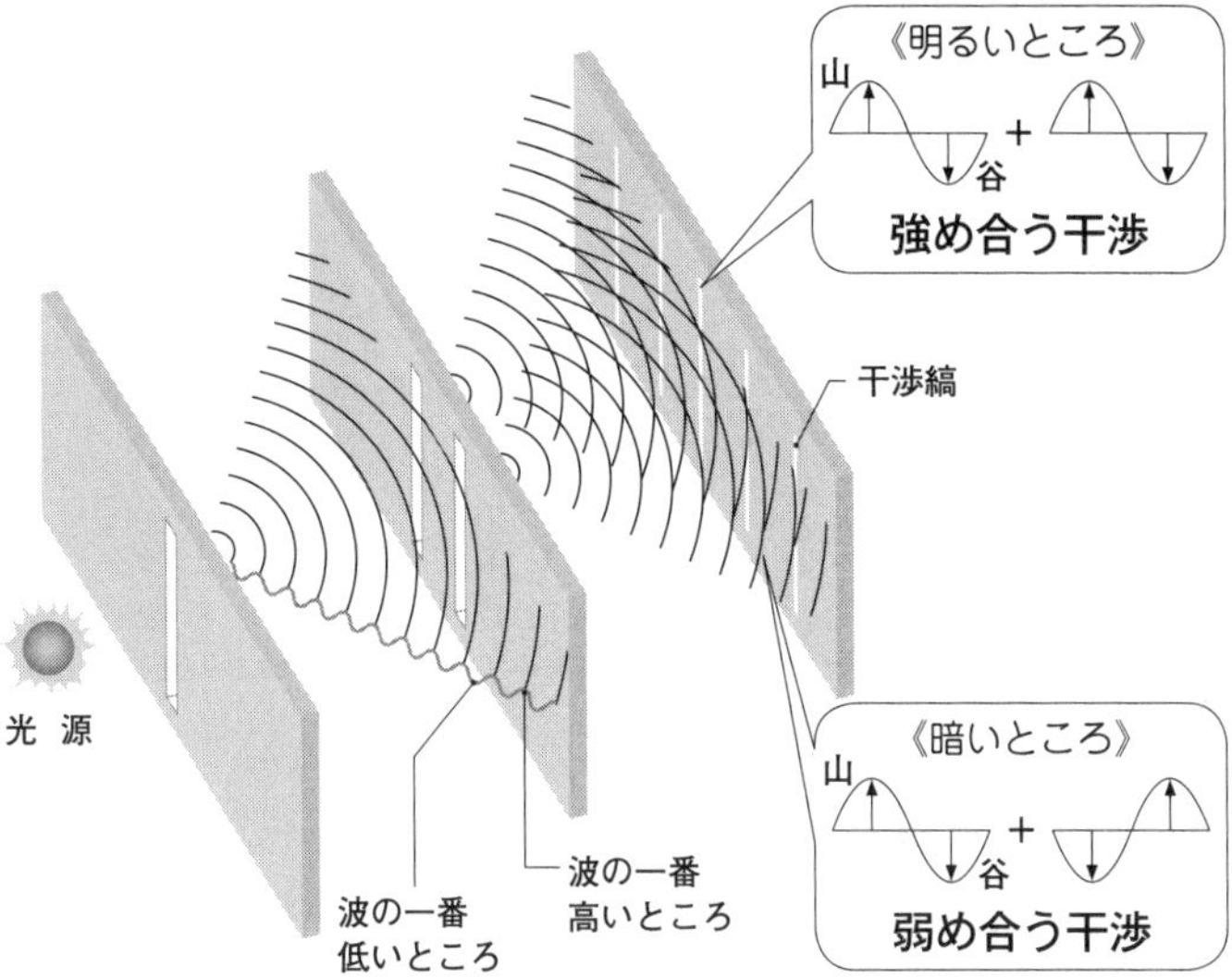

第1章
第2章
第3章
第4章
第5章 熱と電磁気の新しい物理学
第6章
第7章

《明るいところ》 山 谷 強め合う干渉
干渉縞
光源
波の一番低いところ
波の一番高いところ
《暗いところ》 山 谷 弱め合う干渉

▲ヤングの実験は、光の干渉を通して、光に波としての性質があることを示した。

衝立には明るい線が2本だけ観測されるはずです。

しかし実際に実験してみると、驚くべきことに、衝立には明るい線（明線）と暗い線（暗線）が交互に見られる**干渉縞**（かんしょうじま）が、きれいに浮かび上がったのです。さらに衝立の中央で光の強さが最大となり、ヤングは、光が波動だとする説の有力な証拠を手にしました。

こののち、イギリスの理論物理学者**マクスウェル**（138ページ参照）が、光は**電磁波**という波の一種であることを示し、物理学者の間で波動説が主流となりますが、1905年に**アインシュタイン**が、**光電効果**（こうでんこうか）という現象の研究を通して光の粒子性を主張します（156ページ参照）。そして光は、物理学の主役のひとり（ひとつ）となっていくのです。

05

電磁気学の新発見が止まらない

電気と磁気を統一的に扱う新しい分野

エルステッドが、回路につないだ電池のスイッチを入れて電流を流すと、近くにあった方位磁針が、電流と直角の向きを指したのです。偶然見つけたこの現象をもとに、エルステッドは「方位磁針に力を及ぼすものが、電流のまわりに渦を巻いている」と考えました。その後、研究を重ねた彼は、電流が流れる導線の周囲には、円形の**磁場**（磁力の作用する空間）が形成されるという発見をします。

当時は「磁場」ではなく、磁石を引きつける性質「磁気」とされていましたが、ここでは説明の都合上、「磁場」という現代的な言葉を使っていきます。

電流と磁場には関係があった！

19世紀初頭まで、**電気**と**磁気**はまったく別のものだと考えられていました。しかし、じつはこれらは同じもの（**電磁気力**）の別の現れであり、統一的に扱うことができます。

デンマークの**ハンス・クリスティアン・エルステッド**（1777〜1851年）は、講義中に実験器具をいじっていたことをきっかけに、電気と磁気との関係を発見しました。

▲エルステッド。

アンペールの法則の発見

フランスの**アンドレ＝マリ・アンペール**（1775〜1836年）は、「親指を立てて右手を握ったとき、親指以外の指の方向を**磁場**とすると、親指の指す先が**電流**の向きと一致する」という**右ねじの法則**を発見しました。

彼はまた、2本の導線を並行に置いて電流を流すと、導線同士が引き合ったり反発したりする現象も発見し、「電流があれば、磁場がまわりに発生する」という内容を数学的に表現した、**アンペールの法則**を確立しました。

このように、電流と磁場の相互関係が明らかになっていき、電気と磁気を統一的に扱う**電磁気学**は、加速度的に発展しました。

▼右ねじの法則と、アンペールの法則。右ネジの法則は、電流と磁場のうち、どちらか片方の向きがわかっていて、もう一方の向きを知りたいときに役立つ。

アンペールの法則

$$H = \frac{I}{2\pi r}$$

H：磁場
I：電流
r：中心からの距離

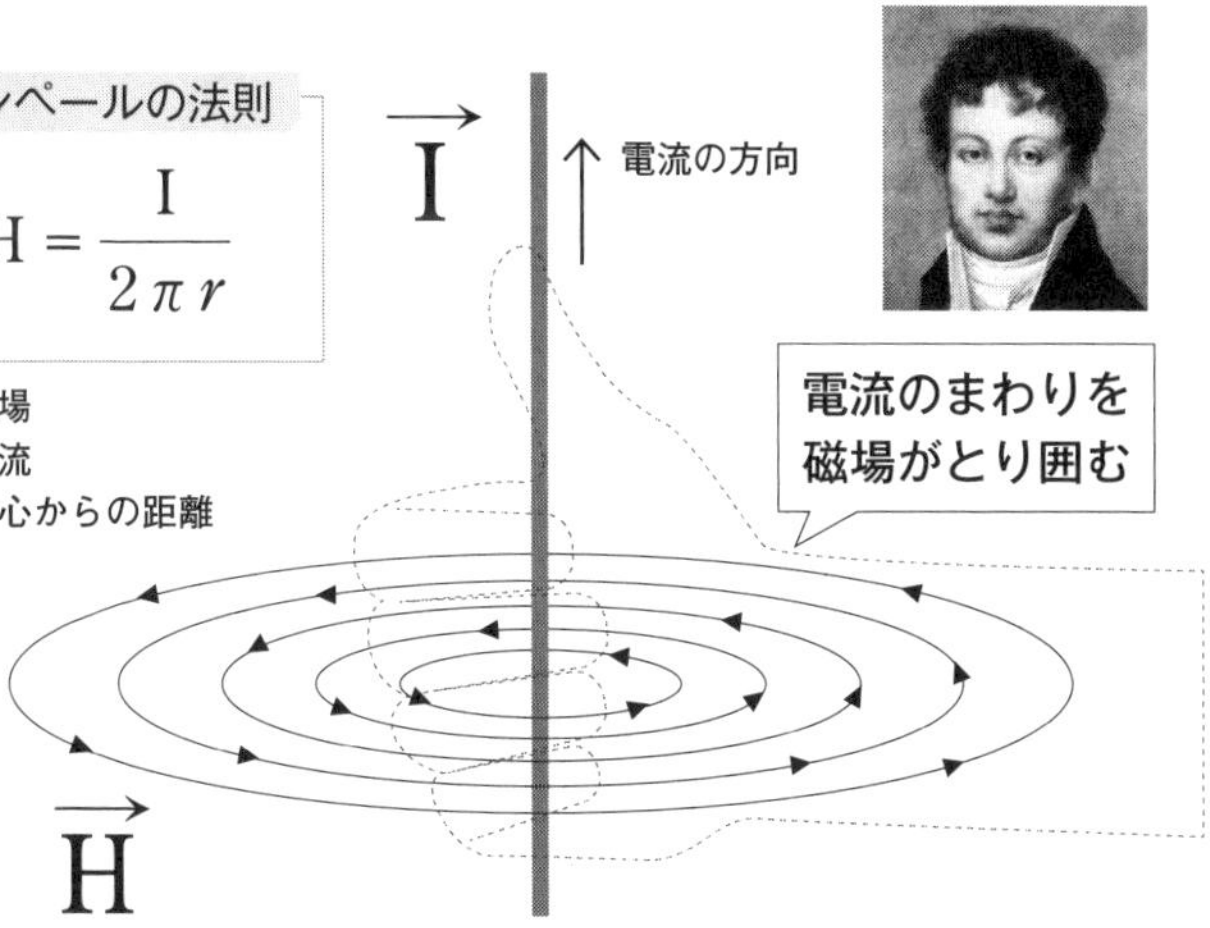

06 ファラデーの電磁誘導

苦学の人が発見した磁場と電流の関係

苦学の人ファラデー

イギリスのマイケル・ファラデー（1791〜1867年）は、電磁気学や電気化学の分野で活躍し、電磁場の基礎的な理論を確立した偉大な科学者ですが、生まれは貧しい家庭で、高度な教育を受ける機会がありませんでした。書店兼製本業の店で働き、そこで製本された科学の本を見て勉強したといいます。

▲マイケル・ファラデー。

ファラデーの電磁誘導の法則

ファラデーが電磁気学に興味をもったのは、すでに**アンペール**（123ページ参照）が各種の法則を発表していた時代でした。

ファラデーは、「電流から磁場が生じる」という**アンペールの法則**とは逆に、「磁場から電流が生じる」こともあるのではないかと仮説を立てました。

そこでファラデーは、コイルに棒磁石（ぼうじしゃく）を出し入れする実験を行い、コイルに電流が流れる**電磁誘導**（でんじゆうどう）という現象を発見しました。

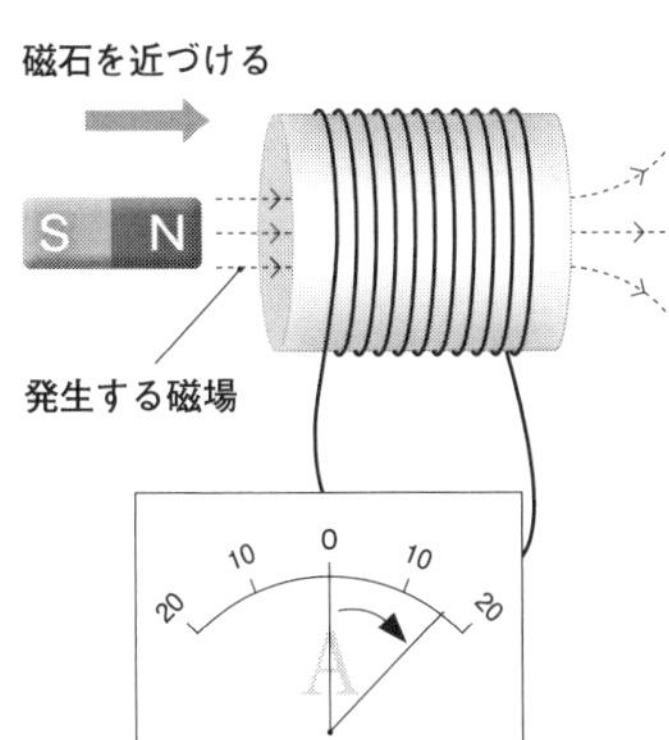

▲ファラデーの発見した電磁誘導。

しかし、この実験を通してファラデーが気がついたのは、「磁場が電流を生む」わけではないということです。

もし「磁場が電流を生む」のであれば、たとえ棒磁石を静止させていても、コイル内にはつねに磁場が発生し、コイルには電流が流れるはずです。

ところが電流は、棒磁石を出し入れするとき、つまり、磁場の量を変化させたときにしか観測されなかったのです。

「磁場の変化が電流を生み出す」というこの驚くべき実験事実は、**ファラデーの電磁誘導の法則**として定式化されました。

こうしてアンペールの法則に引き続き、磁場と電流の関係が、さらに明らかになっていったのです。

07 熱力学を確立したカルノーサイクル

熱によって仕事をする理想的な熱サイクル

開発者たちは、エンジンの**熱効率**（吸収した熱量のうち、外部への仕事に変換される割合）を上げるため、今も日夜、奮闘しています。しかし、理論上最も熱効率が高い熱サイクルは、1824年にフランスの**ニコラ・レオナール・サディ・カルノー**（1796〜1832年）が、思考実験で案出していました。

熱機関と熱サイクル

熱エネルギーを力学的な運動に変換して**仕事**を行う機械を、**熱機関**といいます。そして、ある熱機関が、熱を外部から吸収したり、外部に放出したりしながら、圧縮（あっしゅく）や膨張を経て、最終的にもとの状態に戻るような循環過程を、**熱サイクル**と呼びます。

現代人にとって最も身近な熱サイクルといえば、自動車のエンジンでしょう。ガソリンなどの燃料を燃焼させ、それによって発生したガスの膨張力を、推進力に利用します。

熱はすべてを仕事に変えられない

カルノーの考案した**カルノーサイクル**は、外部に**高温熱源**と**低温熱源**を用意した、図の

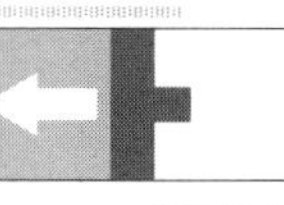

▲カルノーサイクルの模式図。もしこのような熱サイクルを実現させ、仕事を行わせることができれば、理論上、最も効率がよいことがわかっている。

ような循環過程です。

この熱サイクルの思考実験を通してカルノーは、蒸気機関を含むすべてのエンジンにおいて、**熱から仕事への変換効率には、決して超えられない上限がある**ことを示しました。

蒸気機関は、熱から仕事を得る典型的な熱機関ですが、実際には、ボイラーの熱をすべて車輪の回転エネルギーに回すことはできず、大半の熱は空気中に逃げていってしまいます。この**熱の散逸（さんいつ）を回避することは、原理的に不可能**だと、カルノーは主張したのです。

この発見は熱力学の基礎となり、のちに、熱力学の最重要概念である**エントロピー**（133ページ参照）へとつながっていきます。

ところで、熱とエネルギーの関係は、じつは大問題です。次はこれを見てみましょう。

08 熱力学第1法則

力学以外でもエネルギーは保存される！

ジュールの実験

イギリスの**ジェームズ・プレスコット・ジュール**（1818～1889年）は、重りの重さで水中の羽根車（はねぐるま）を回し、水をかき混ぜたときの、摩擦による発熱を調べました。すると、重りの位置変化による**仕事**と、発生する**熱**とが、一定の比になることを発見しました。この比は**熱の仕事当量**（しごととうりょう）と名づけられました。

この実験結果は、「重りが失った位置エネルギー」が、「水の吸収した熱量」になった、と解釈することができます。

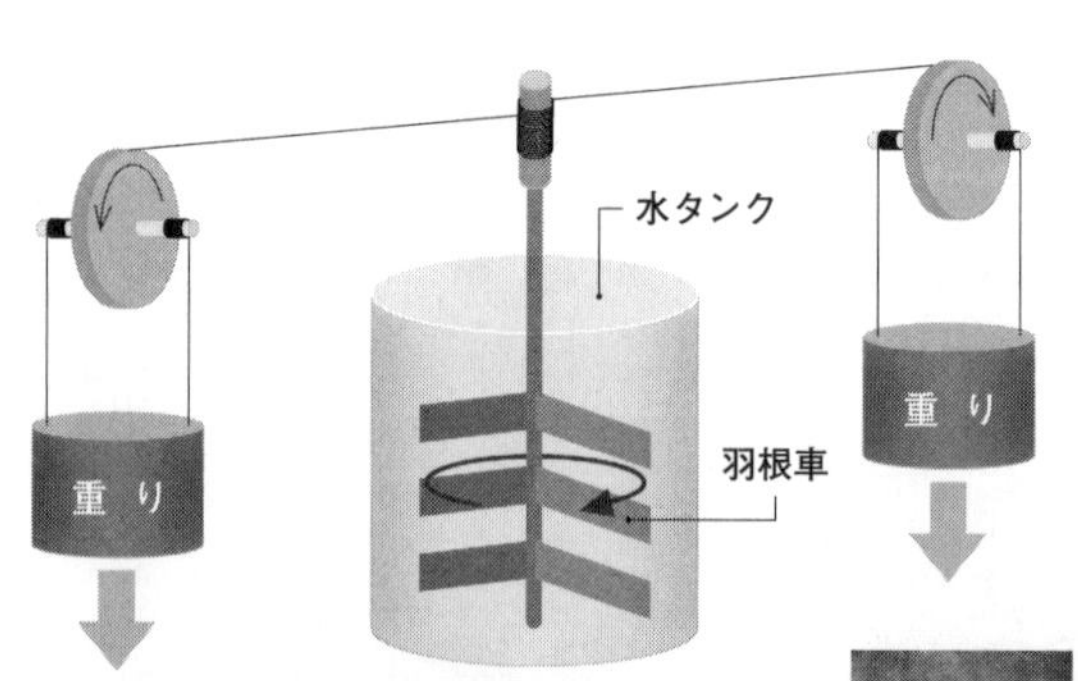

▼ジュールの実験装置の模式図。「重りの位置変化による仕事」は、「重りの位置エネルギーの変化」と言い換えられる。

熱力学第1法則

$$Q = \Delta U + W$$

（気体の入ったシリンダーなどが）もらった熱量　内部エネルギーの変化量　気体が外部にする仕事

たとえると……

収入 ＝ 貯金 ＋ 支出

▲熱力学の第1法則は、「もらった熱量はすべて、内部でのエネルギーの変化量か、外部にする仕事になる」、つまり「エネルギーが無意味に消えることはない」ことを意味するので、一種の「エネルギー保存の法則」であるが、本来の力学という範囲を超えて、熱の領域にまで、エネルギー概念の適用領域を拡張している。

エネルギー保存則の領域が広がる

前に**力学的エネルギー保存の法則**が出てきましたが（75ページ参照）、「エネルギーは**運動エネルギー**や**位置エネルギー**といった力学的な形態だけでなく、熱にもなれる」ということが、このジュールの発見でわかりました。

上図の**熱力学第1法則**は、「力学で見いだされたエネルギーの概念を、熱力学の領域に拡張して使ってよい」という意味をもちます。

こうしてエネルギーの概念が見直されたのち、「電気」が「運動」に変わったり、「化学変化」により「熱」が生まれたりと、エネルギーの相互変換がわかってきます。エネルギー保存の法則は、領域を広げていくのです。

09 トムソンと絶対温度

普遍的な「温度」概念の誕生

カルノーの業績に注目

カルノー（126ページ参照）は**カルノーサイクル**の考案から、**熱効率**の上限以外に、もうひとつの発見をしていました。カルノーサイクルの熱効率が、「高温熱源と低温熱源の温度の比」のみで決まることです。これは、熱効率が、気体の種類にはまったく依存しない（**理想気体**でも、どんな実在気体でも！）という、すさまじい普遍性を意味します。

この発見の重要性に気づいたイギリスの物理学者**ウィリアム・トムソン**（**ケルビン卿**、1824～1907年）は、これを利用して、それまで使われていたセルシウス温度（セ氏）よりも**普遍的な「温度」**を作れるのではないか、と考えるようになります。

絶対温度の考案

セルシウス温度は、1気圧の状態で水が氷に変わる温度を0度、水蒸気に変わる温度を100度とします。これにもとづく水銀温度計などは、熱（温度）によって液体の体積が変化する**熱膨張**を利用するものです。しかし

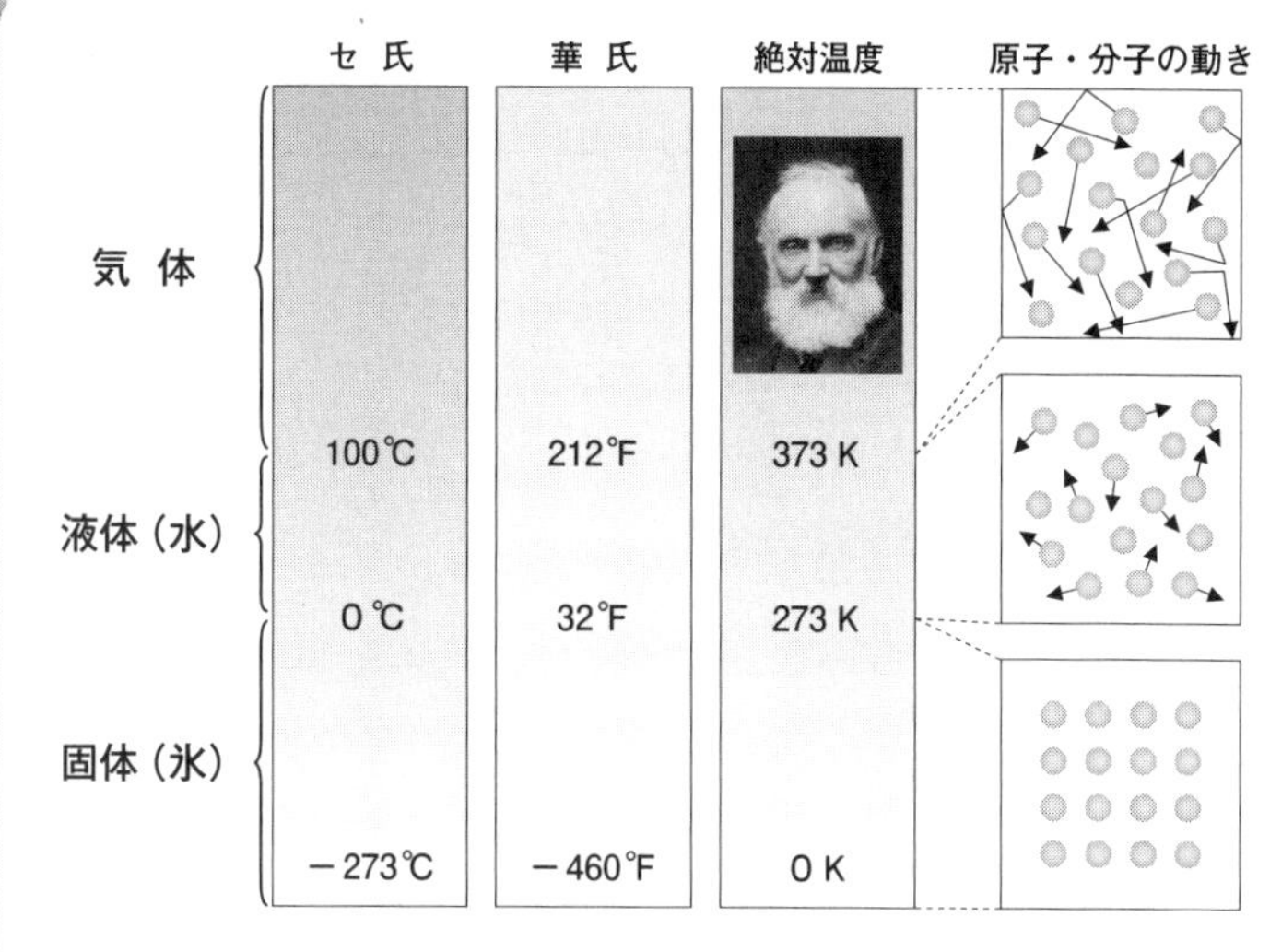

▲水の状態変化に、各種の温度を対応させた表。絶対温度の単位は、トムソンの爵位から命名されたケルビン（K）を用いる。

じつは、熱膨張の度合いは一定ではありません。液体の体積と温度の目盛りを対応させる方式では、厳密な温度は測れないのです。

そこでトムソンは、より普遍的**絶対温度**を、**原子や分子の運動**を基準にして定めました。

物体を構成する原子や分子は、たえず運動をしていますが、物体の温度を下げていくと、ある時点で、それらの運動がすべて静止します。その温度は**絶対零度**とされ、絶対温度の原点になります。その温度では、すべての原子・分子が完全に静止した状態であるため、これより低い温度は存在しません。

逆に、物体の温度を増していくほど、原子や分子の運動はいくらでも激しくなっていきます。つまり、絶対温度の上限は存在しないのです。

10

熱力学第2法則

現実にはエントロピーは必ず増大する

カルノーとジュールの発見から

ジュールの実験（128ページ参照）により、**仕事**はまるごと熱（**熱量**）に変換可能であり、その総エネルギーは変換の前と後で同じ、つまり保存されることがわかりました。

一方、**カルノー**の思考実験（126ページ参照）からは、熱量から仕事への変換量には決まった上限があり、熱量すべてを仕事に変換するのは不可能であることがわかりました。

熱量と仕事の交換に関する、一見くい違ったこのふたつの発見には、何か知られざる法則が隠れていそうです。ここに注目したのは、ドイツの物理学者**ルドルフ・クラウジウス**（1822〜1888年）でした。彼は、「ジュールの実験でエネルギーが保存されたように、カルノーサイクルでも何かが保存されているのではないか」と考えます。そして、**絶対温度**の概念も利用して、研究を進めました。

エントロピーは増大する

カルノーサイクルに表される、**熱機関の本質**は、「高温熱源から熱量を受け取って、その一部を仕事に変換し、残りを低温熱源に捨てる」という過程です。

カルノーサイクルは、この過程を経ても外部環境に何の影響も残さず、最初の状態に戻せるものとして考えられています。そのようなプロセスを**可逆過程**（かぎゃくかてい）といいます。可逆過程は、最大の熱効率を可能にします。

しかし現実に存在する熱サイクルでは、外界に影響を及ぼさず、完全にもとの状態に戻すのは不可能です（たとえば自動車のエンジンは、排気ガスを出して熱を外へ流します）。現実のプロセスは**不可逆過程**なのです。

さて、クラウジウスは、理想的な可逆過程であるカルノーサイクルにおいては、「**高温熱源から受け取る熱量**と**高温熱源の温度**の比」が「**低温熱源に捨てる熱量**と**低温熱源の温度**の比」に等しいことを発見しました。つまり、温度の移動にかかわる比の値が、可逆過程では保存されていたのです。クラウジウスは、この比を**エントロピー**と名づけました。

しかし、現実の不可逆過程では、必ず**エントロピーは増大する**ことも明らかになります。これを、**熱力学第2法則**と呼びます。

▼熱機関におけるエントロピーは、不可逆過程では必ず増大する。

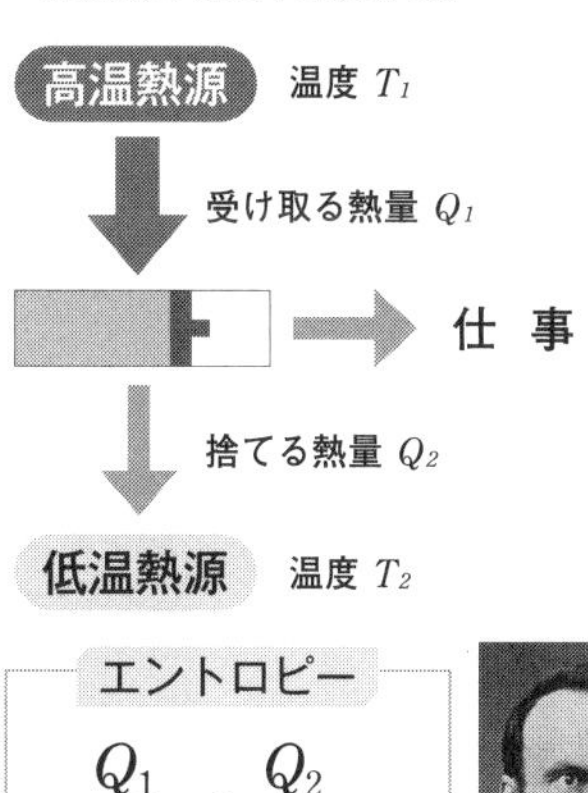

$$\frac{Q_1}{T_1} < \frac{Q_2}{T_2}$$

11 ボルツマンと統計力学

複雑すぎて計算できない問題への処方箋

ミクロとマクロをつなぐ統計力学

　私たちの世界をミクロなレベルでとらえると、途方もない数の原子が乱雑に動き回っています。面白いことに、個々の原子はニュートン力学の**質点**（108ページ参照）とよく似ているため、ニュートン力学によってその運動を（かなりの程度）記述できます。

　一方、原子が集まったマクロなかたまりである気体などを扱うのは、ニュートン力学ではなく熱力学ですが、そのようなマクロなレベルでは、原子のざわめきは感覚されません。

　これは考えてみれば不思議なことです。どうやら、ミクロな世界の法則（ニュートン力学）を単純に積み上げただけでは、マクロな世界法則（熱力学）を説明できないようです。

　このように断絶して見えるミクロとマクロを、つなぎ合わせる役割を担うのが、**ルートヴィッヒ・ボルツマン**（1844〜1906年）の創始した**古典統計力学**です。

力学に確率を導入！

　ボルツマンが、ニュートン力学と熱力学を

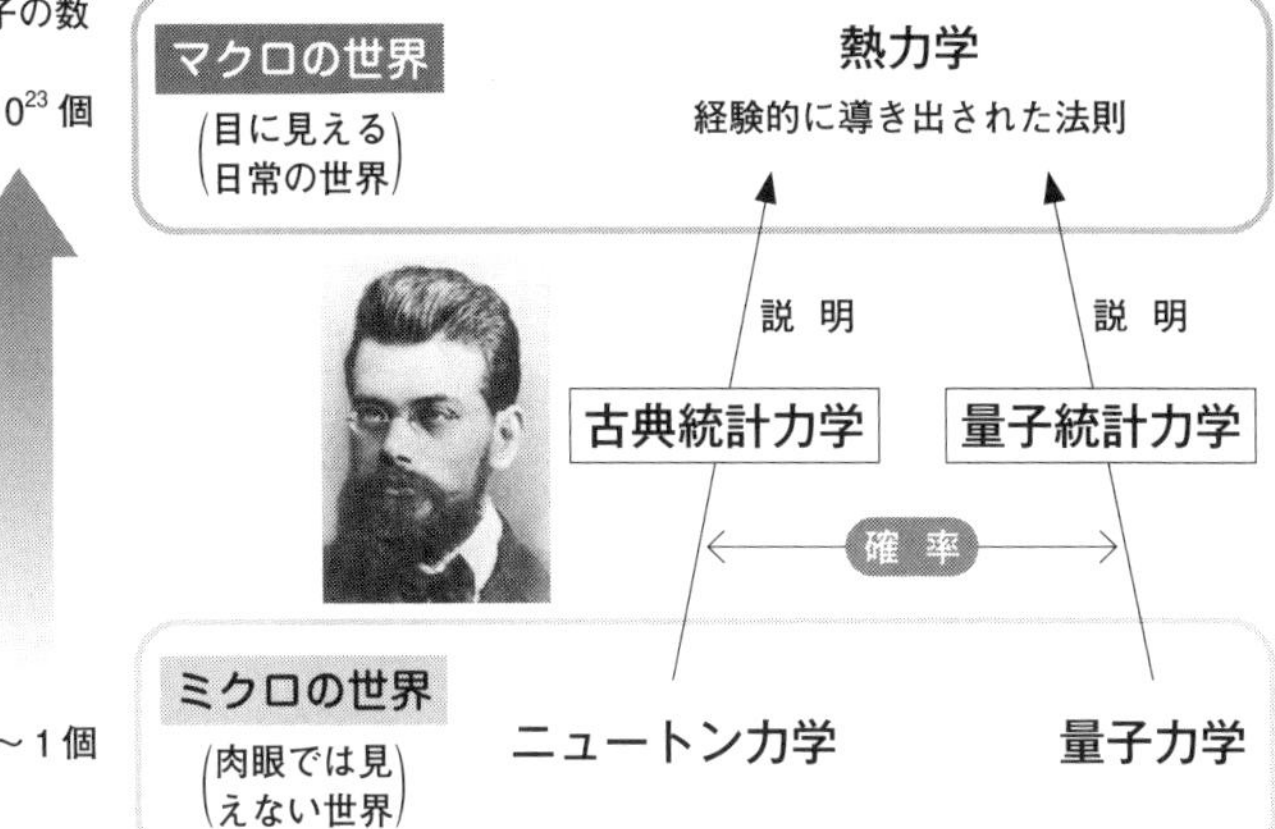

▲原子の「確率的」な性質を考慮し、統計的に考えることで、熱力学の法則をニュートン力学で説明できるようになった。のちに、ミクロな世界の法則をより厳密に記述する量子力学が発達すると、量子統計力学という分野が生まれる。

矛盾なくつなぐために必要としたのは、19世紀に確立した数学理論、**確率**でした。

原子がひとつやふたつしかない、というシンプルな状況であれば、力学の手法で解析可能ですが、原子の数が増えていくと、解かなければならない運動方程式が増え、計算不可能になります。

ところが逆に、膨大な数の原子を扱うときに限れば、確率による逆転が起こります。

原子それぞれの動きはデタラメに見えるものの、集合体として**統計**を取ると、全体的には一定の規則に従っているのです。

このような着眼点から生まれた統計力学は、熱力学では記述しきれない細かいニュアンスまで扱えます。ゆらぎの制御理論、比熱理論への応用など、最も応用範囲の広い分野です。

12

宇宙は「熱的死」へと向かうのか!?

エントロピーとは何か

エントロピーは「乱雑さ」!?

クラウジウスによる発見の時点では、**エントロピー**とは「熱量と温度（絶対温度）の比」でしたが、これだけではちょっとピンときません。じつは、エントロピーに対して**ボルツマン**が、統計力学的な解釈を与えました。

ボルツマンによると、エントロピーとは**「乱雑さ」を表す量**であり、エントロピーの増大とはすなわち、原子や分子が次第に乱雑な動きをしていくことだ、というのです。

146ページで、「乱雑さ」としてのエントロピーについて、思いきって嚙み砕いてみますので、そちらもご参照ください。

時間の一方向性と宇宙の熱的死

熱力学第1法則（129ページ参照）は、エネルギーがつねに保存されることを主張していました。発想を一気に広げれば、「宇宙という器に入っている全エネルギーは、つねに一定だ」といえるでしょう。

一方、**熱力学第2法則**（133ページ参照）は「宇宙のエントロピーは最大値へと進行していく」と言い換えられます。これらふたつを合わせると、次のように解釈できます。

「時間がたつにつれて、宇宙の全エネルギーのうち、エントロピー的な性格をもつエネルギーの占める割合が大きくなっていく」

エントロピー的でないエネルギーを**自由エネルギー**と呼びますが、宇宙は自由エネルギーが減少し、代わりにエントロピーが増大していくように設計されているのです。

過去　現在　未来

時間の一方向性

自由エネルギー

エントロピー的エネルギー

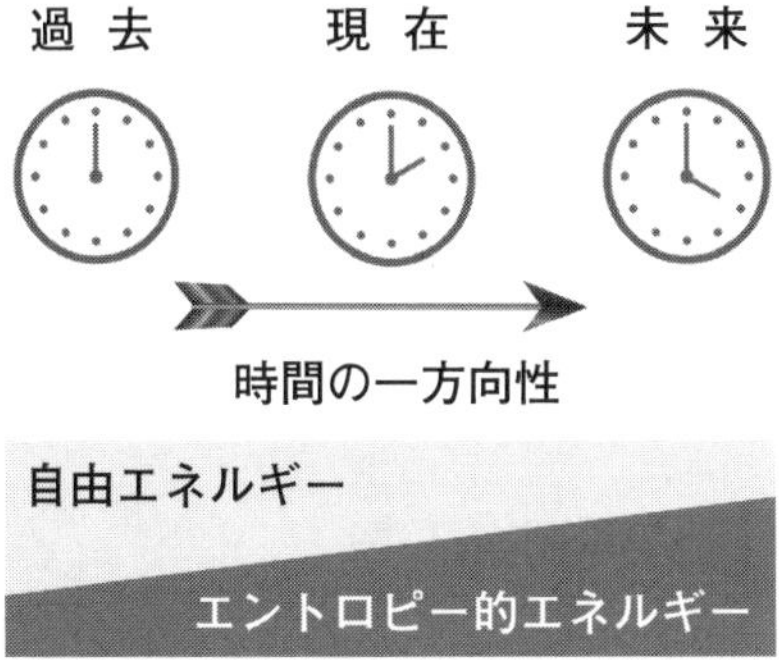

▲時間の一方向性とエントロピー増大のイメージ。いったん放たれた矢は進むのみで、二度と戻ってこないことから、時間の一方向性は「時間の矢」とも表現される。また、エントロピーは正確には、エネルギーの単位とは異なるため、「エントロピー的な性格をもつエネルギー」と表現した。

これは、時間が過去から未来に向かってしか流れない、**時間の一方向性（不可逆性）**を示しているように思えます。つまり、「エントロピーが増大する方向は、まさに時間の方向なのではないか」と考えることが可能です。

宇宙が最終的にエントロピー最大の状態を迎えるというのなら、それは「乱雑さ」が最大の状態です。原子や分子がまとまりを失うため、銀河やブラックホールから私たちの身体まで、宇宙を構成するさまざまな個性的要素が消滅し、温度一定の均一な空間があるばかりです。この状態は**「宇宙の熱的死」**といい、想定される宇宙の終焉（しゅうえん）の姿のひとつです。

13

マクスウェルの方程式と電磁波

電磁気学を完成へと導いた権威

マクスウェル方程式

イギリスの物理学者**ジェームズ・クラーク・マクスウェル**（1831〜1879年）は、**古典電磁気学**の理論を完成させたといわれています。彼は、それまでに実験で発見されていた多くの電磁気学の法則を、図のようにわずか4つの方程式（**マクスウェル方程式**）にまとめあげました。

▲マクスウェル。

ニュートン力学が必要とする法則がたった3つだった（96ページ参照）ように、電磁気学は、たった4つの法則でその体系が完成したのです。

光は電磁波の一種だった！

マクスウェルは、できあがった4つの方程式を見て、ある違和感を覚えました。**電場**（電荷に力を及ぼす空間の性質）と**磁場**に関して、数式的に非常に対称性の高い方程式に見えましたが、アンペールの法則だけがやや不完全に見えたのです。そこでマクスウェル

ファラデーの電磁誘導の法則

$$\mathrm{rot}\,\overrightarrow{\mathrm{E}} = -\frac{\partial \overrightarrow{\mathrm{B}}}{\partial t}$$

磁場が時間変化すると電場が生まれる

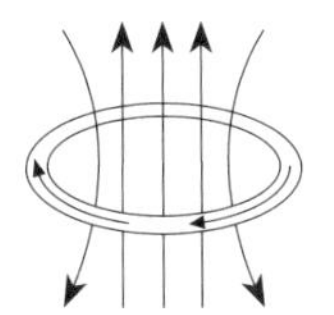

アンペールの法則

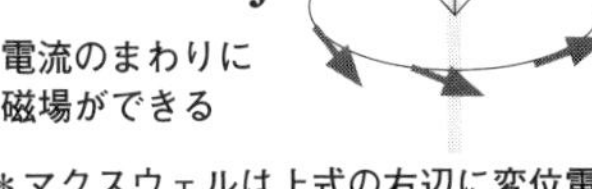

$$\mathrm{rot}\,\overrightarrow{\mathrm{H}} = \overrightarrow{\mathrm{j}}$$

電流のまわりに磁場ができる

＊マクスウェルは上式の右辺に変位電流 $\left(\frac{\partial \overrightarrow{\mathrm{D}}}{\partial t}\right)$ と呼ばれる項をつけ加え、改良版のアンペールの法則を作り上げた。上式は改良前。

電場のガウスの法則

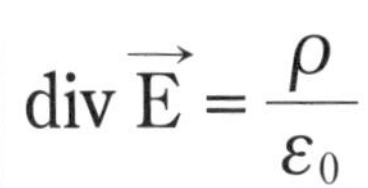

$$\mathrm{div}\,\overrightarrow{\mathrm{E}} = \frac{\rho}{\varepsilon_0}$$

電場は＋電荷から出て－電荷に吸い込まれる

磁場のガウスの法則

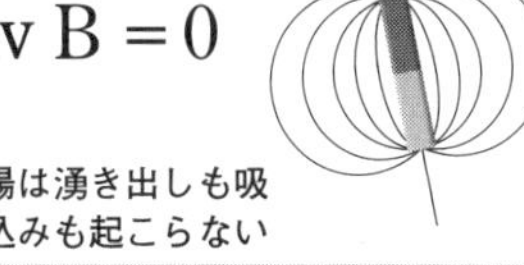

$$\mathrm{div}\,\overrightarrow{\mathrm{B}} = 0$$

磁場は湧き出しも吸い込みも起こらない

▲マクスウェルが整理した４つの方程式。

は変位電流と呼ばれる量をアンペールの法則の右辺に足し、方程式の対称性を完全なものにしました。

　このようにして完成したマクスウェル方程式の計算を進めると、**波動方程式**という方程式が現れました。そしてこの波動方程式に、過去の電磁気学の実験からわかっていたいくつかの値を代入したところ、電場と磁場を交互に発生させながら進む、**電磁波**（でんじは）という波が存在することが示唆されたのでした。

　この電磁波の進む速度を計算すると、当時知られていた光の速度と、ほぼ一致します。そこからマクスウェルは、「**光は電磁波の一種なのではないか**」と仮説を立てます。まさか電磁気学が、光の性質を解き明かすことになるとは、だれも予想しなかったことでした。

14

直流電流と交流電流

電気の普及期には覇権を争ったふたつの方式

直流と交流の違い

学校での実験で作る、乾電池と電球をつないだ簡単な回路では、電流は＋極から－極へと流れ、電流の向きは変わりません。このように、一定の向きに流れる電流を、**直流**(ちょくりゅう)といいます。

これに対して、家庭のコンセントの電流は、**電磁誘導**（124ページ参照）を利用して、発電機で作られたものです。そのような電流は、＋極と－極がたえず入れ替わり、向きが変わります。これを**交流**(こうりゅう)といいます。

回路に電流を流そうとする（まるで圧力のような）はたらきを**電圧**といいますが、直流回路では電圧が一定になります。対して交流の電流は電磁誘導で作られるため、電圧がたえず変わります。

エジソン対テスラ 仁義なき戦い

19世紀も終盤にさしかかるころ、発明王として知られる**トーマス・エジソン**（1847～1931年）は、発電所と送電システムを作り、電力事業を牛耳(ぎゅうじ)っていました。その電

直流

▲エジソン。

電圧
+
0
−
時間

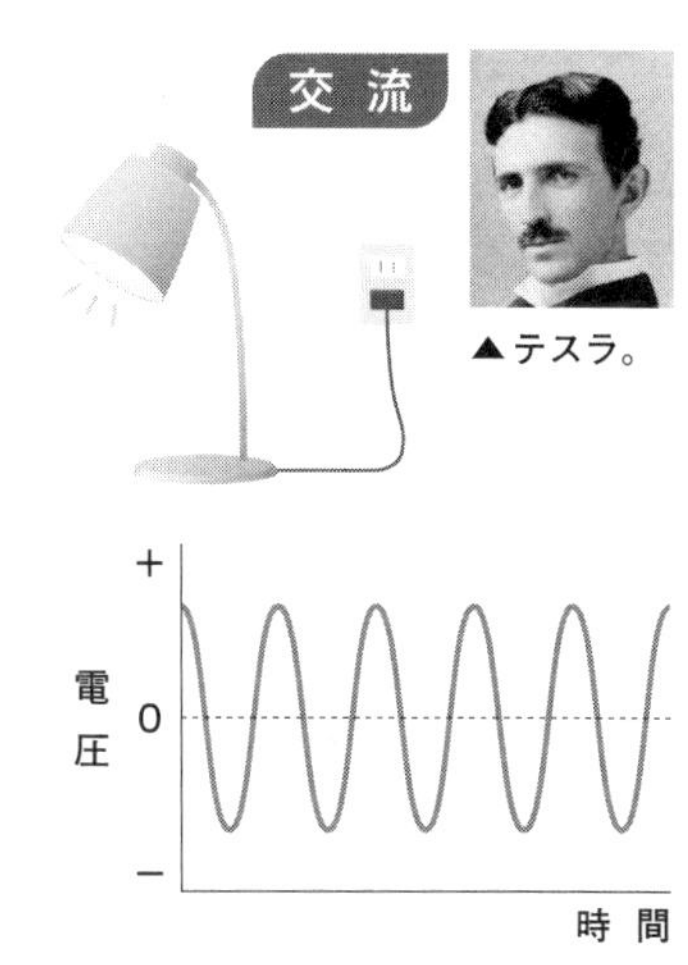

▲テスラ。

▲直流電流と交流電流。エジソンは直流にこだわったが、テスラの交流が1880年代後半の「電流戦争」を制し、現在も標準方式になっている。

流形式は、直流でした。

それに対して、1884年にエジソンの会社に入社した電気技師**ニコラ・テスラ**（1856〜1943年）は、自ら開発した交流電流方式を提案しました。しかしエジソンは直流に固執し、テスラは数か月でエジソンの会社を去りました。以後、エジソンら直流派と、テスラら交流派の間に、「電流戦争」と呼ばれる敵対関係が生じます。

電圧の変換や、事故時の遮断が容易であるといった利点があるため、現在は、交流電流が幅広く利用されています。直流電流は、乾電池を使うリモコンなどに使われています。

テスラはほかにも、**テスラコイル**と呼ばれる装置で空中に放電する実験を行うなど、少なからぬ功績をあげています。

15

超音速のソニックブームを確認

マッハと音の速さ

音の速さはどのくらい？

稲光（いなびかり）を見たあと、しばらくしてから落雷の音がやってくるのは、日常生活においてよく経験するできごとです。こうしたことが起こるのは、光と音にそれぞれの速さがあり、光よりも音のほうがずっと遅いからです。

光も音も、時間ゼロで、すなわち無限の速さで伝わるものではなく、有限の速さをもっています。今は光のことはわきに置いて、音のことを考えましょう。

音は、空気などの**媒質**（16ページ参照）の

▼航空機が音速を突破したとき、まわりに衝撃波が生じている。

中を伝わる**波**です。その速さである**音速**は、媒質の種類や状態などによって変わりますが、1気圧の空気では、tをセ氏温度として、

$$331.5 + 0.61t$$

で近似値を出しています。

一般に、媒質が同じ物質ならば、気体よりも液体のほうが、液体よりも固体のほうが、音を速く伝えます。

音速を超えるとどうなる？

もし、音よりも速い速度で動いたら、いったいどんなことが起こるのでしょうか？

それを確かめた人がいます。オーストリアの物理学者**エルンスト・マッハ**（1838～1916年）です。マッハは1887年、音速を超える弾丸を、当時の先端技術である写真に撮影することに成功しました。

▲エルンスト・マッハ。

音速よりも速い速度（**超音速**）で移動する物体のまわりには、衝撃波が発生していました。この衝撃波はソニックブームと呼ばれます。ソニックブームは、移動している当の物体をも破壊してしまう可能性のある恐ろしいもので、凄まじい爆音とともに生じるといわれています。

マッハにちなんで、超音速の速度を表す数は**「マッハ数」**と呼ばれており、たとえば「マッハ2」は音速の2倍です。

16 マイケルソン＝モーリーの実験

光の媒質「エーテル」は存在するか？

光に媒質は必要か？

私たちが普段聞く音は、空気を媒質として伝わる波でした。では、**マクスウェル**（138ページ参照）が主張したように、光が**電磁波**という波の一種だとするならば、光の媒質はいったい何でしょうか？

空気、ではありません。光は、真空であっても伝わります。

そこで、**エーテル**（50ページ参照）という「光の媒質」が、宇宙に充満していると仮説を立ててみます。真空にもこのエーテルという媒質が漂っているとすれば、理論的には問題はないと、当時の物理学者は考えました。

このエーテルの存在を確認しようと、アメリカの**アルバート・マイケルソン**（1852〜1931年）と**エドワード・モーリー**（1838〜1923年）が、じつに巧妙な方法を用いました。1887年、有名な**マイケルソン＝モーリーの実験**です。

エーテル実在を証明するはずが……

太陽のまわりを公転している地球は、宇宙

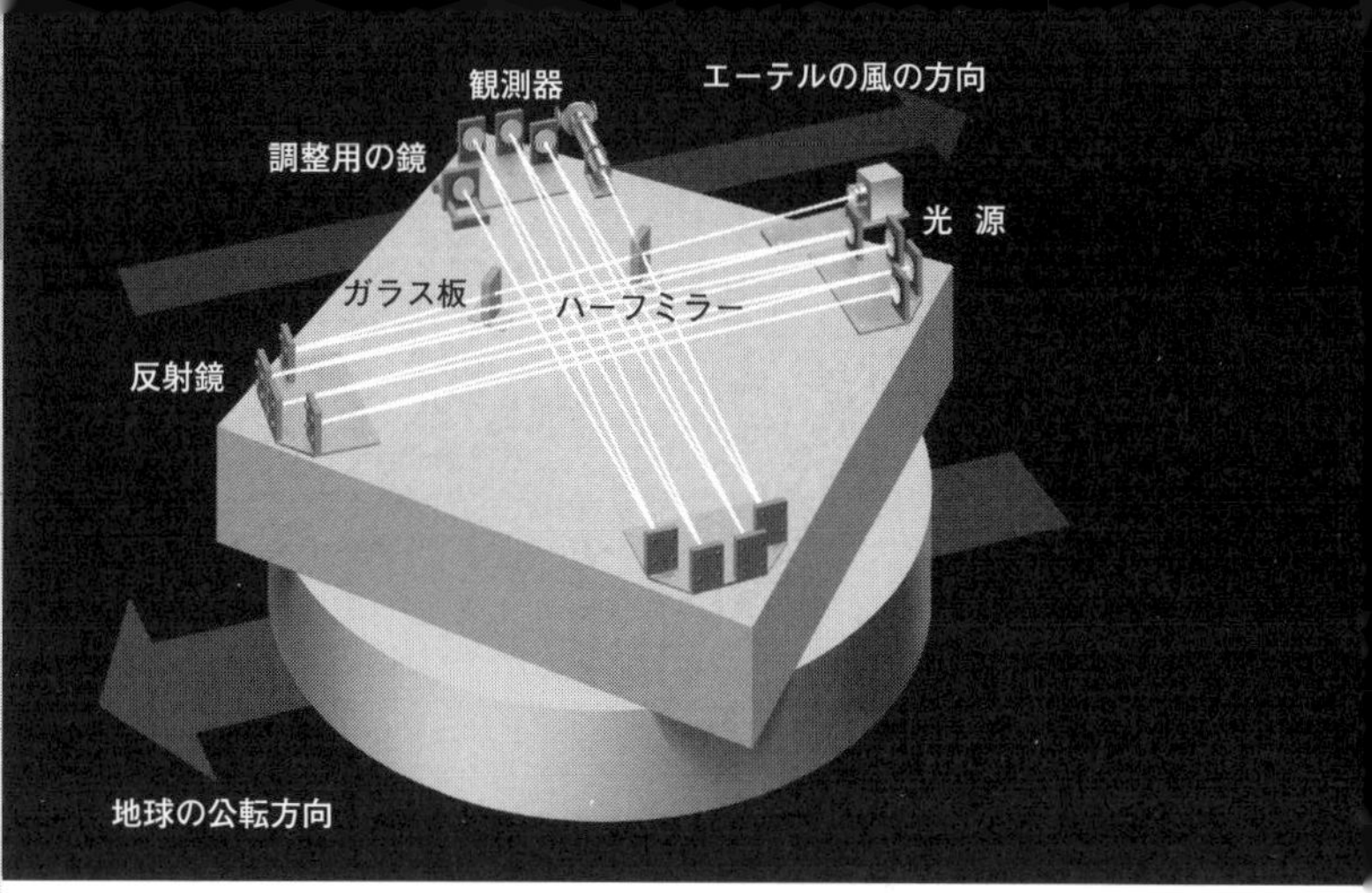

▲マイケルソン＝モーリーの実験に使われた「マイケルソン干渉計」の模式図。ひとつの光を、互いに垂直なふたつの光線に分け、それぞれを鏡に反射させて中央に戻し、重ね合わせて干渉させる。もし「エーテルの風」が存在するなら、「エーテルの風」に平行な方向と、垂直な方向とで、光の速さが変わってきて、そのことが干渉縞からわかるはずだったが、実際に実験を行うと、どの方向でも光の速さに差はなかった。

に充満しているエーテルの中を突き進むように動いていることになります。エーテルの中を動いている地球上の私たちは、自転車で走るときに風を感じるように、**「エーテルの風」**を受けているといえます。

　マイケルソンらは、「エーテルの風」が光の速度に影響しているはずだと考え、上図のような装置を使って、方向の違う光の速度を調べました。彼らはこの実験によって、エーテルの存在を実証できると考えていました。

　しかし実際は、光の速度は、どの方向でも変わらず一定でした。つまり、**エーテルの存在は否定された**のです。光は、媒質をもたない波でした。物理学者たちは、光の不思議さに頭を抱えます。そして、この奇妙な光は、現代物理学の扉を開くことになるのです。

COLUMN 05

マクスウェルの悪魔

エントロピー（「乱雑さ」）の増大を意味する**熱力学第2法則**は、乱暴にいうと、「冷水とお湯を同じ容器に入れると、自然にぬるま湯になるが、ひとつの容器のぬるま湯が、自然に冷水とお湯に分かれることはない」というイメージです。冷水とお湯がそれぞれ分かれて存在している状態は、エントロピーが低いのですが、一緒にして放っておくとエントロピーが増大し、温度が均一化されます。エントロピーを減少させたいなら、ぬるま湯に対して何らかの**仕事**をしなければいけません。

しかし**マクスウェル**（138ページ参照）は、**「マクスウェルの悪魔」**と呼ばれる思考実験で、この法則に疑問を突きつけました。

気体を入れた容器の中央に、開閉できる穴のついた仕切り壁を設置します。壁のところには、気体の分子ひとつひとつの速度を見分けられる「悪魔」がいて、速い分子は右に、遅い分子は左に行くよう、穴を開閉します。

そうしてある程度の時間がたったとき、右の部屋には速い分子だけ、左の部屋には遅い分子だけが入っている状態になります。つまり、右の部屋は温度が高く、左の部屋は温度が低くなります。「悪魔」は、穴を開閉するだけなので、気体に対して仕事をしていないのに、エントロピーが減少しているのです！

この思考実験には、いろいろな解釈がありますが、あなたはどう思われますか？　こんな「悪魔」、存在しうると思いますか？

現代物理学の革命

01 電波とX線

電磁波は波長の違うものが何種類もある！

電磁波と電波

この章は、これまで何度も話題にのぼり、このあとも物理学の主役のひとり（ひとつ）となる、光の話から始めましょう。

光といえば一般に、電球や日光など、目に見える明るさ（**可視光線**）だと思われていますが、人の目には見えない光も存在します。たとえば、電気こたつなどに用いられる**赤外線**や、日焼けの原因である**紫外線**などです。

光とは**電磁波**の一種で（139ページ参照）、**波の性質**と**粒子の性質**をあわせもち、

▼電磁波の波長と光のスペクトル。

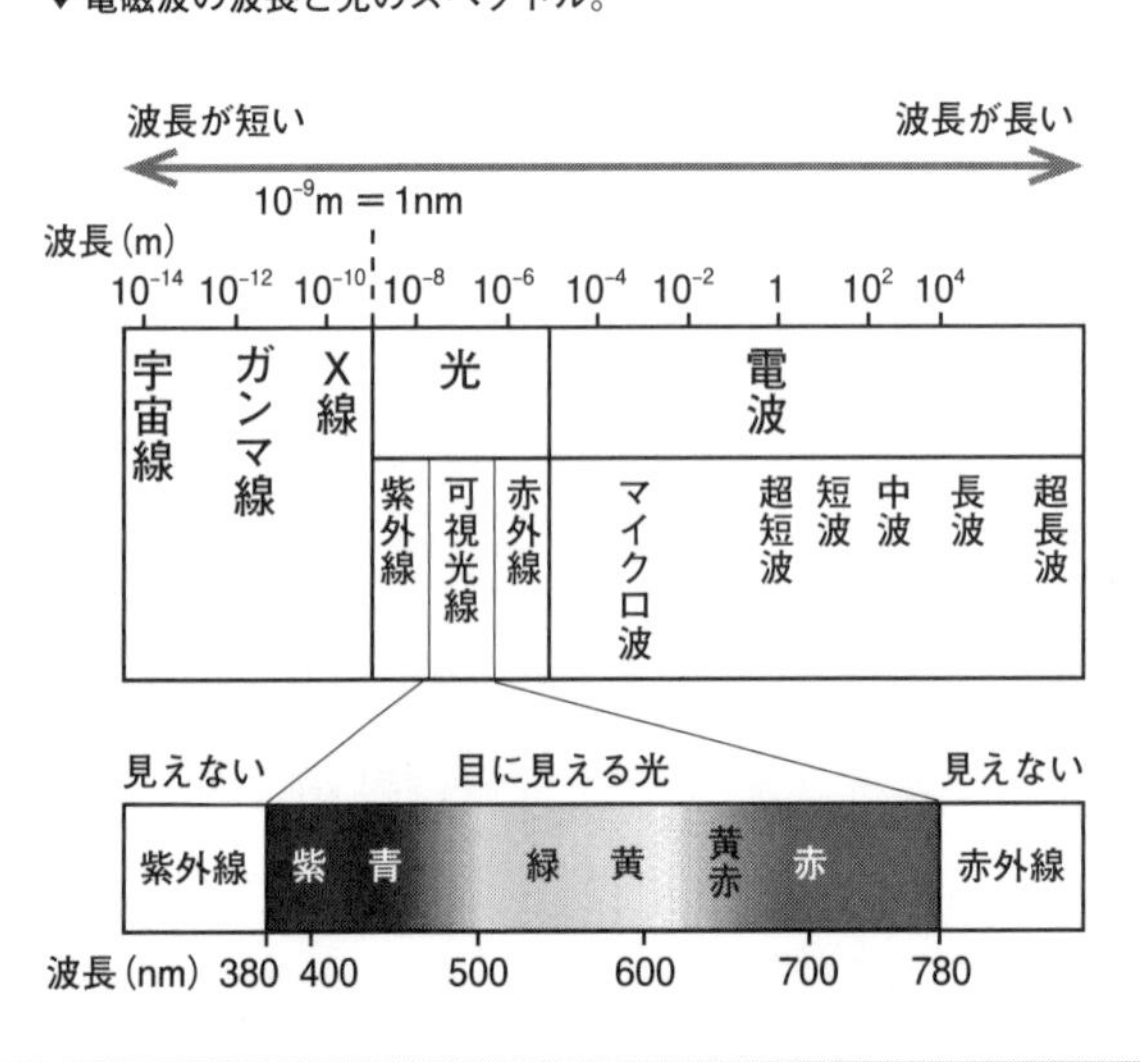

そのことはあとで問題になってきます。

さて、電磁波のうち、**光よりも波長が長い**ために波の性質がより強く出るものを、特に**電波**と呼びます。電波は、波の性質を利用して、ラジオやインターネットなどの通信手段として用いられます。

マクスウェルが予想していた電波の存在を、実験によって発見したのは、ドイツの物理学者**ハインリヒ・ヘルツ**（1857～1894年）です。彼は1887年、アンテナにつないだコイルから電流を発生させると、離れた場所に置いた受信機に電流が流れること、つまり、電波が「飛ぶ」ことを実証しました。

▲ハインリヒ・ヘルツ。

波長の短いX線の活用

電磁波には、**光よりも波長が短い**ものもあります。1895年、ドイツの物理学者**ヴィルヘルム・レントゲン**（1845～1923年）が発見した**X線**も、そのような波長の短い電磁波です。

波長が短いと、厚みの薄いものや密度の低いものを、すり抜ける（**透過**（とうか）する）ことができます。この性質は、人体などの内部を可視化するいわゆる**レントゲン写真**として、現在も利用されています。

▲ヴィルヘルム・レントゲン。

02 放射線の発見

強いエネルギーをもって飛ぶ目に見えない何か

放射を探せ！

X線は電磁波であると同時に、最初に発見された**放射線**でした。放射線とは、強いエネルギーをもって飛ぶ粒子や電磁波の総称です。

　フランスの物理学者**アンリ・ベクレル**（1852～1908年）は、レントゲンによるX線の発見を知り、同じような放射を発見できるかもしれないと考え、**ウラン**という鉱物を研究しました。そして、ウランと一緒に置かれた写真乾板（光を受けると変化する感光材料）が、太陽光を受けていないのに感光したことから、ウランが目に見えない放射を発しているのを発見したのです。1896年のことで、この放射は当時、「ベクレル線」と呼ばれました。

▲アンリ・ベクレル。

　じつは、このような放射を出すのはウランだけではありませんでした。別の物質も放射を発することを発見したのは、フランスの物理学者**ピエール・キュリー**（1859～1906年）と、その妻でポーランド出身の物理学者・化学者**マリー・キュリー**（1867～1934年）です。

放射はあらためて、「放射線」と名づけられました。また、放射線を出す物質を**放射性物質**といい、放射能を出す性質を**放射能**といいます。

▲ピエール・キュリー（左）とマリー・キュリー（右）。

放射線の種類

1899年には、ニュージーランド出身の物理学者・化学者**アーネスト・ラザフォード**（1871～1937年）が、**アルファ線**と**ベータ線**という2種類の放射線を発見します。さらにのちに、アルファ線の正体はヘリウムの原子核、ベータ線の正体は原子核から放出される電子であることがわかるのですが、そのことは後述します（168ページ参照）。

放射能にはほかにも、**ガンマ線**や**中性子線**など、いくつもの種類があります。

▼放射線の例と、それぞれの透過性。

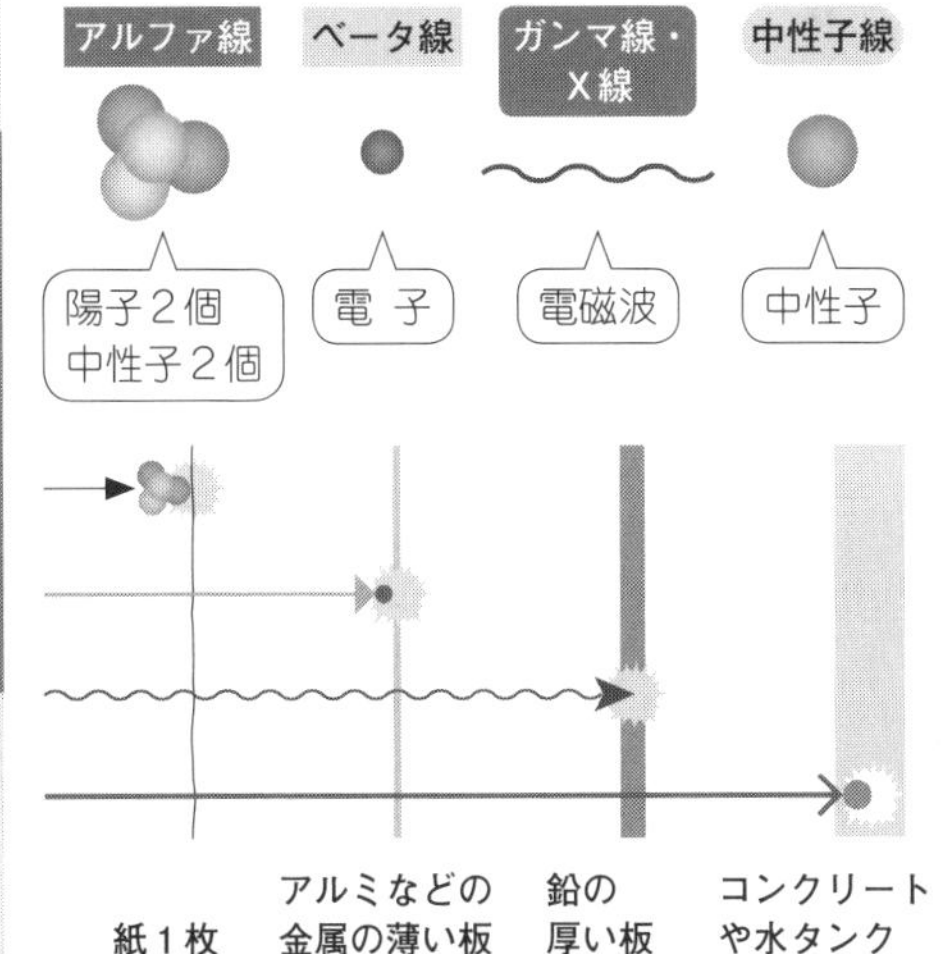

03 電子の発見と原子模型

原子は「最も小さいもの」ではなかった！

陰極線は小さな粒子

私たちが「電気の流れ」、つまり**電流**と呼んでいるものは、**電子**の流れによって（電子の流れとは逆向きに）生じるものなのでした（19ページ参照）。

電子は**原子**の内部に存在しています。19世紀末、**ドルトン**の**原子説**（117ページ参照）から100年近くたっても、まだ原子の存在は実証されていませんでしたが、原子よりも小さい電子が、先に発見されました。

真空のガラス管に高圧の電気をかけると、－（マイナス）極の逆側の内壁が光ります。1869年に発見されたこの現象は、1876年に**陰極線**（いんきょくせん）と名づけられました。以来、多くの研究者が、その正体をさぐります。

1897年、イギリスの物理学者**ジョゼフ・ジョン・トムソン**（1856～1940年）は、ガラス管の内壁に衝突する陰極線の正体が、負の電荷をもつ非常に小さい粒子であることを突き止めました。－極から撃ち出されていたこの粒子こそが、電子なのです。

▲J・J・トムソン。

原子のブドウパンモデル

こうして発見された電子は、原子を構成する要素だと、J・J・トムソンは考えました。

じつはこのアイデアは、とんでもなく画期的なものです。なぜなら、原子とは「それ以上細かく分割できない、物質の最小単位」を意味する概念だったはずだからです。原子に、それを構成する要素（つまり、もっと細かい単位）があるとすると、いわば原子が「原子」でなくなってしまいます。

１９０１年には**ラザフォード**と**フレデリック・ソディ**（１８７７〜１９５６年）が、原子が変化する**放射性崩壊**（ほうかい）（１６８ページ参照）という現象を研究し、原子の内部構造を見いだします。原子は「最も小さいもの」ではなかったのです。

J・J・トムソンは１９０４年、原子の内部構造の模型として、**ブドウパンモデル**を提示します。大きな「パン生地（きじ）」のような正の電気の中に、負の電荷の電子が、干しぶどうのように散らばっている原子模型です。さて、この原子模型は正しいのでしょうか……？

▼J・J・トムソンの考案した、「ブドウパンモデル」の原子模型。電子の質量は、原子の約1000分の1以下である。

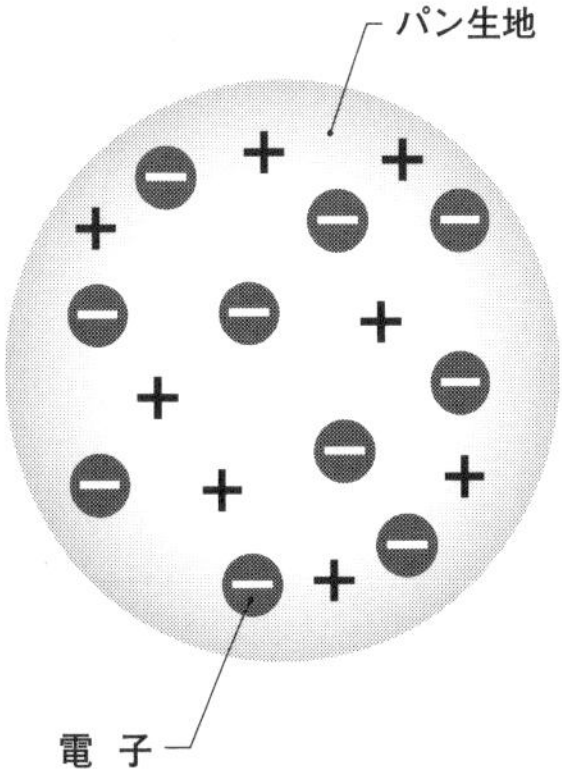

パン生地

電子

04 プランクと量子論の誕生

光のエネルギーは連続していない？

温度と波長の大問題

19世紀末のドイツでは、製鉄業が発展を遂げていました。

溶鉱炉（ようこうろ）の効率を高めるには、鉄の温度を正確に知る必要があります。しかし、数千度にも達する物質を直接測（はか）る温度計は、作ることができません。そこで、高温になった物体が光を発する性質を利用して、光の色によって温度を判断する方法が考え出されました。

ところが、研究が始まり実験をしてみると、困ったことになりました。光の色は、**波長**によって変わります（148ページ参照）。温度と光の色との関係について、波長の短い光ではある公式が、波長の長い光では別の公式がほぼ成立するのですが、従来の物理学理論では、それらを統合できなかったのです。

プランクの量子仮説

この問題への取り組みから、現代物理学の革命につながる発見をしたのが、当時ベルリン大学の教授であった**マックス・プランク**（1858〜1947年）です。

▲マックス・プランク。

彼は1900年、温度と波長の関係をひとつの公式で表すことに成功しましたが、当初、自分の作った式の意味がわからずにいました。やがて彼はその式から、「光を発する粒子の振動するエネルギーは、**離散**的な値しかとれない」という仮説を立てます。

ちょっと難しそうな言葉が出てきましたが、じつは簡単で、「離散」は**「連続」の反対**です。エネルギーは、なめらかな斜面のように連続的に変化するのではなく、階段のように**飛び飛びに変化する**ということです。

そしてこれは、「エネルギーには、それより細かく分割することができない、**ある最小単位**がある」ということを意味します。たとえるならば、コップに水を流し込んでいくと、重さは「連続」的に増しますが、氷をひとつずつ入れていくと、重さは「離散」的に増しますね。その氷のような「かたまり」があると考えたのです。

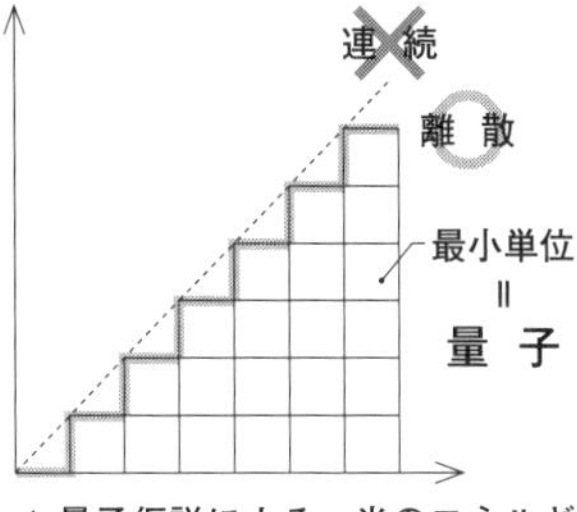

この「ある最小単位」を、**量子**といいます。エネルギーの最小のかたまりである**エネルギー量子**は、振動数に**プランク定数**（h）という値をかけた形で表されました。

プランクのこの**量子仮説**は、現代物理学の柱である**量子論**を生むことになります。

連続
離散
最小単位
＝
量子

▲量子仮説による、光のエネルギーの変化のイメージ。

05

物理学史を塗り替える論文を次々に発表！

アインシュタイン「驚異の年」

光量子仮説

光の正体は波か粒子か。多くの科学者がこの難題に挑んできましたが、19世紀後半には波としての性質が注目され、「光は波である」と考えるのが一般的でした。

そこへ一石（いっせき）を投じたのが、20世紀最大の物理学者ともいわれる、ドイツ出身の**アルベルト・アインシュタイン**（1879〜1955年）です。

彼は**光電効果**という現象を説明するため、「光はエネルギーの小さなかたまり、つまり

▼光電効果は、1887年にヘルツ（149ページ参照）によって発見された。金属の表面に、ある一定値以上のエネルギーをもつ光を照射すると、金属の原子のもつ電子が放出される現象である。

粒子である」との仮説を立てました。

プランクの**量子仮説**とともに量子論の出発点となる、この**光量子仮説**が発表されたのは、1905年のことでした。

この年はのちに、アインシュタインの「驚異の年」と呼ばれることになります。物理学史を塗り替える重要な論文が、何本も書かれたからです。

原子の実在を示唆するブラウン運動

20世紀初頭、**原子**の存在は、まだ確かめられていませんでした。

しかしアインシュタインは、花粉の中の微粒子が水分子にぶつかって不規則に動く**ブラウン運動**の研究を通して、分子や原子の実在を理論的に示唆しました。

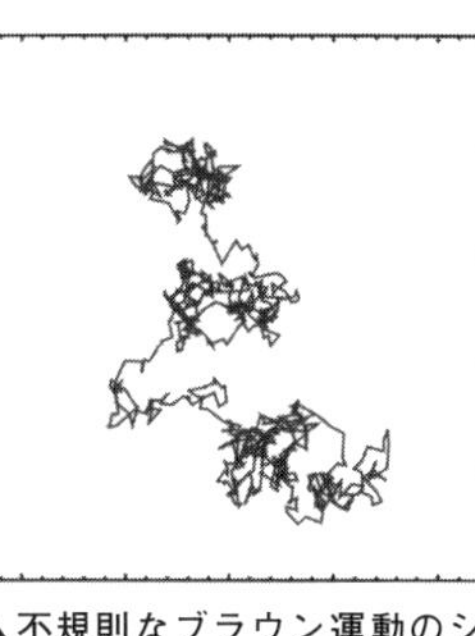

▲不規則なブラウン運動のシミュレーションの例。

この理論は、1908年にフランスの物理学者**ジャン・ペラン**（1870～1942年）が行った実験によって正しさが証明されます。その結果、分子や原子の存在が、人々に受け入れられていったのでした。

ここまでのふたつの業績もとんでもないものですが、1905年のアインシュタインの「驚異」は、これだけではありません。**特殊相対性理論**という大物がひかえています。

06

光の速度の洞察から生まれた

特殊相対性理論

力学と電磁気学の統合理論

運動方程式に代表される**力学**の法則は、ある地点にいる観測者から、別の地点の観測者に視点を移しても、法則の内容が変わることのない、普遍的なものとされます（23ページ参照）。このことを、「力学の法則は**ガリレイ変換**のもとに不変である」といいます。

一方、**電磁気学**の法則は4つの**マクスウェル方程式**によって記述されたわけですが（138ページ参照）、困ったことにマクスウェル方程式は、ガリレイ変換を及ぼすと、まる

▼私たちが日常で感覚できるスケールの速度感覚で考えるなら、秒速 30 万 km の光を、秒速 10 万 km の宇宙船で追いかけると、宇宙船から見た光の「相対速度」は、30 万－ 10 万で「秒速 20 万 km」になりそうだが（23 ページ参照）、じつはそうはならないというのが、特殊相対性理論の主張のひとつである。真空中を進む光の速度は、どんな運動をしながら見ても、同じ「秒速 30 万 km」なのだ。

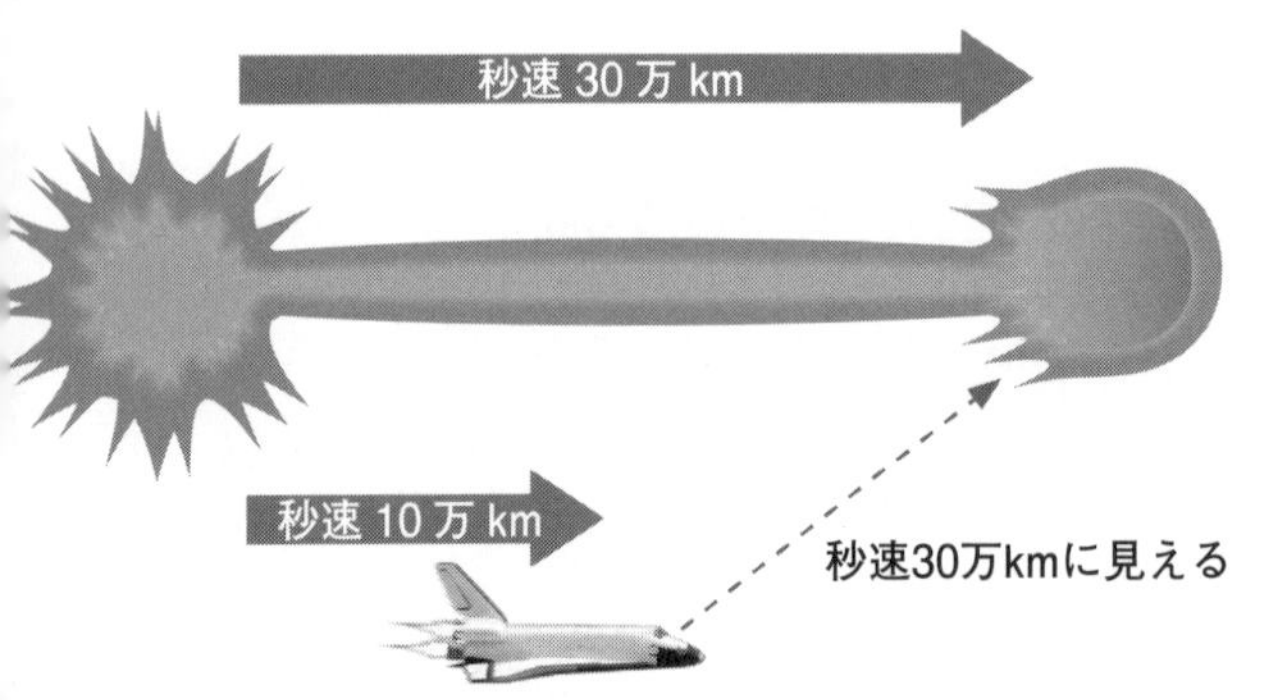

でメールで「文字化け」を起こしたかのように、法則の内容が変わってしまうのです。

しかしじつは、力学と電磁気学の法則内容を変えないような特別な変換が、オランダの物理学者**ヘンドリック・ローレンツ**（1853〜1928年）によって発見されていました。アインシュタインはその**ローレンツ変換**を導入し、力学と電磁気学の統合理論を作り上げたのです。それこそが、**特殊相対性理論**です。

特殊相対性理論のふたつの柱

アインシュタインが、特殊相対性理論の出発点としたのは、❶**光速度不変の原理**と、❷**特殊相対性原理**のふたつでした。

あるひとつの立場で光を見たとき、光は変に加速したり減速したりせず、光源の状況によらず一定速度を保ちます（❶）。

そして、ひとつの立場（慣性系）から別の立場（別の慣性系）に移っても、力学と電磁気学の法則は変わりません（❷）。

このふたつの原理を合わせると、「**光の速度は、どのような立場で見ても一定である**」と結論づけられます（右図）。

光は、たとえ新幹線で追いかけようと、秒速10万キロで追いかけようと、変わらず秒速30万キロで進んでいくのです。

光にこのような不思議な性質があることを、認めるところから、特殊相対性理論が始まっていきます。

時の流れは相対的

さて次に、「**光の速度に近づくと、時間の流れは遅くなる**」という結論が導き出されます。これは、図のような「光時計」の思考実験を通して理解できます。

光の往復に1秒かかるような円柱状の装置を用意し、これを宇宙船に乗せ、外からこの装置を観測します。

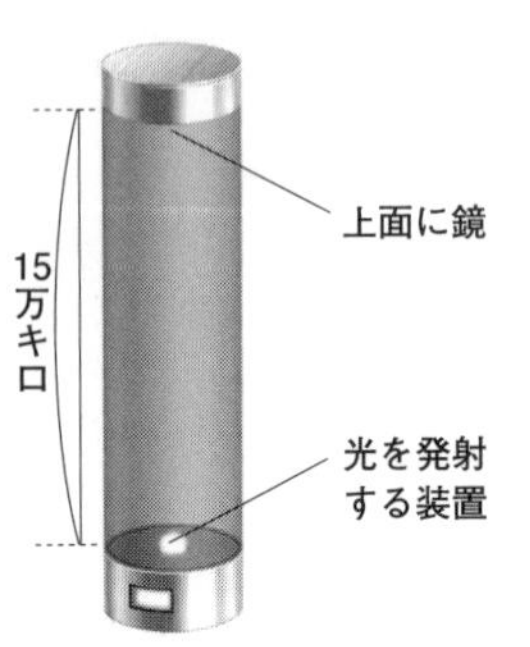

▲光時計。光が底面から放たれ、上面の鏡に反射して、また底面に戻ると、距離は30万kmになる。光は、1秒でこの光時計を1往復する。

宇宙船に乗っているAさんにとっては、1秒で光が往復したように見えますが、外のBさんにとっては、光が長い軌跡を余分にたどっているため、1秒以上の時間がかかっているように見えます。

逆に外のBさんが光時計をもった場合、真逆の現象が起こります。つまり、Aさんから見たBさんの時間も、また遅れるのです。

このように、**時間とは相対的なもの**です。こうなってくると、全宇宙に共通の時間など存在しえないことになります。あるのは、AさんとBさんがもつ、それぞれ固有の時計だけです。

これをアインシュタインは、「私は全宇宙に時計を置いた」と表現しました。

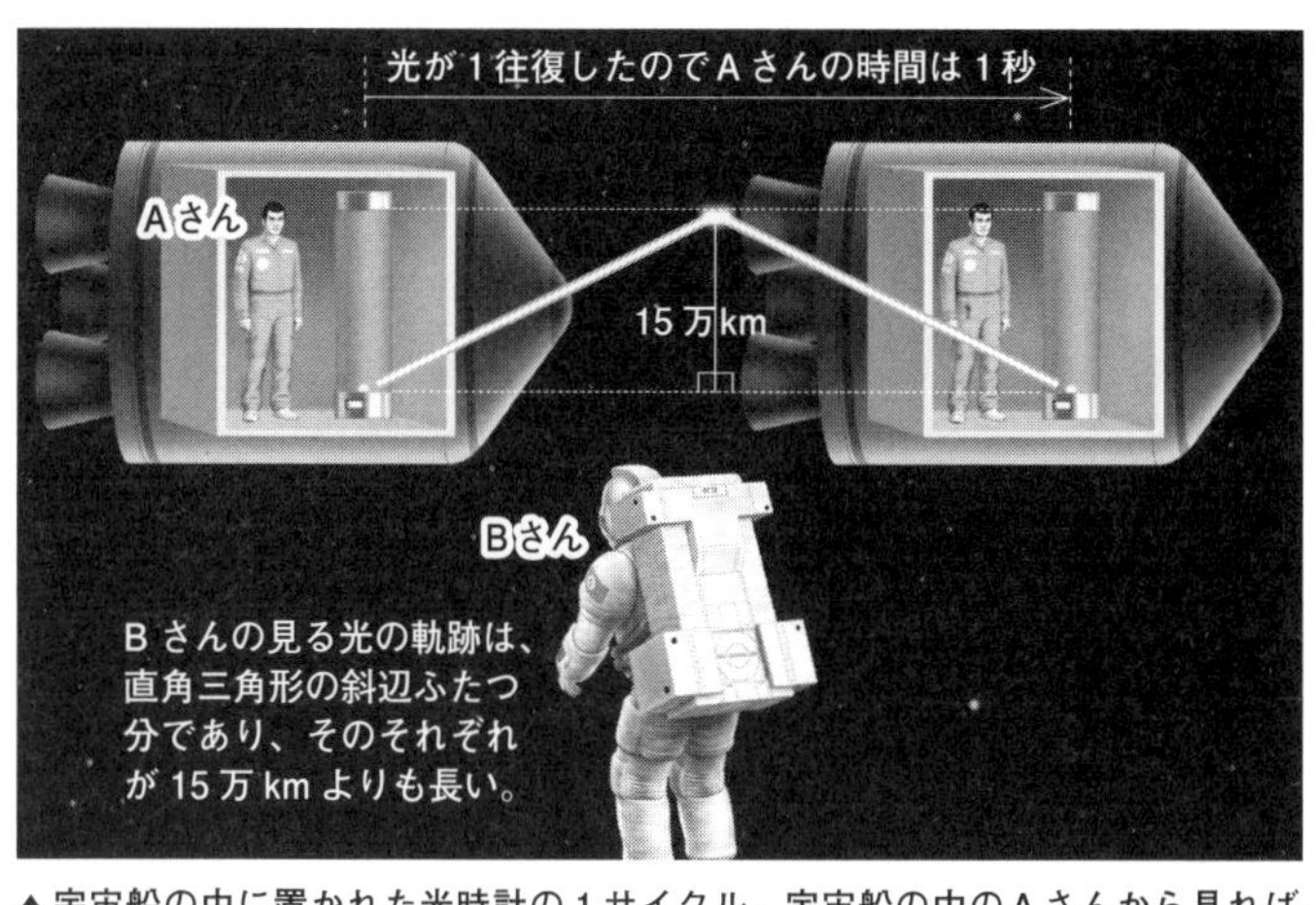

▲宇宙船の中に置かれた光時計の１サイクル。宇宙船の中のＡさんから見れば、光が 30 万 km を移動するので１秒だが、宇宙船の外のＢさんから見れば、光が 30 万 km より長い距離を移動するので、１秒より長いはずである。

ミンコフスキー時空を動く私たち

特殊相対性理論では、**４次元時空**（84ページ参照）でものごとをとらえます。

私たちは、空間的には静止しているだけでも、時間の方向に等速運動をしているといえます。４次元時空では、それが直線で表現されます。

光の速度に近づくと、直線の傾きがゆるやかになり（つまり、時間の進み方が遅くなり）、加速をすれば直線が曲線に変わります。

特殊相対性理論によると、私たちはそれぞれが固有の時計をもった存在で、**ミンコフスキー時空**という４次元空間を走行する、ダイナミックな存在なのです。

07

原子核の発見と新しい原子模型

ラザフォードの散乱実験

アルファ粒子の跳ね返り

現代物理学の黎明(れいめい)期、光と並ぶ主役のひとり（ひとつ）は、**原子**でした。

20世紀初頭、原子の存在が認められ、それが内部構造をもつこともわかってきた中、その構造模型として有力視されたのは、**ブドウパンモデル**（153ページ参照）です。

そんな中、1909年に、ある実験が行われました。薄い金属箔に、**アルファ線**（151ページ参照）を照射するというものです。

正の電荷をもつアルファ線は、金属箔を透

▼1909年に行われた、ラザフォードの散乱実験により、ブドウパンモデルの原子模型は否定され、原子核の存在が示唆された。

ブドウパンモデル

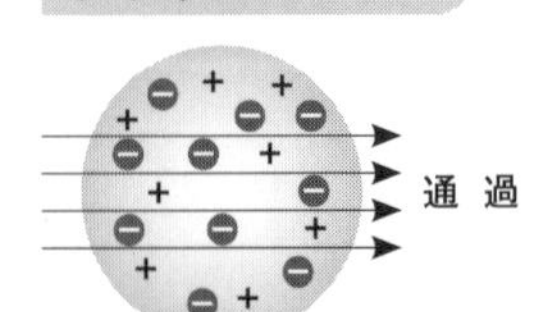

太陽系型

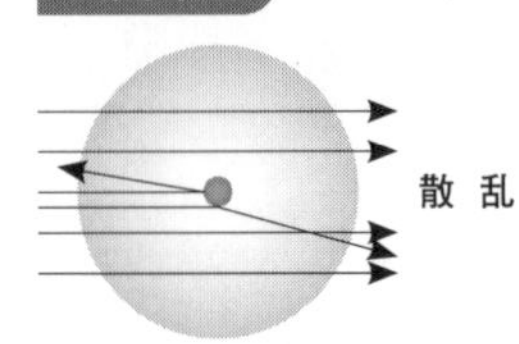

《ラザフォードの原子模型》

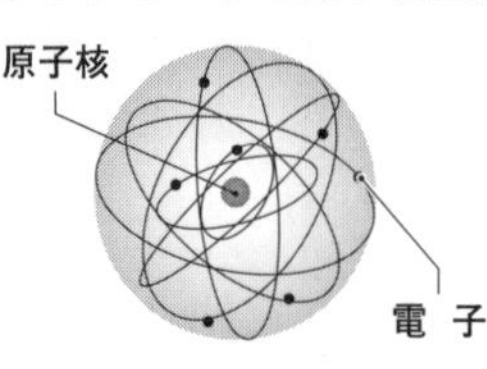

過する際、原子内部の正の電気と反発し合って軌道を変えるはずですが、ブドウパンモデルでは、原子全体に広がる正の電気と、ところどころにある電子の負の電気が相殺(そうさい)しているため、アルファ線の進路にあまり変化はないだろうと、事前には予想されていました。

しかし実験を行ったところ、アルファ線粒子の大半が透過したものの、予測より多くの粒子が、強く跳ね返ったのです。これはブドウパンモデルでは説明がつかないことでした。

太陽系のような原子模型

この実験は、これまでも何度か登場した**ラザフォード**が指導したもので、**ラザフォードの散乱実験**と呼ばれます。

彼はこの結果から、「原子の内部はすかすかで、正の電気は、中心の非常に小さい部分に集中しているのではないか」と考えます。そのように仮定すれば、一部のアルファ線が強く弾き返されたことの説明がつくのです。

ラザフォードは1911年、正の電荷をもつ**原子核**の周囲を**電子**が飛び回っている、**太陽系型**の原子模型を提案しました。このラザフォードの原子模型のおかげで、多くの人々は、原子の姿をイメージしやすくなりました。ラザフォードは「原子物理学の父」と呼ばれています。

ただし、新しい原子模型も、ある問題を抱えていました。その問題の解決のため、さらに別のモデルが模索されることになります。

08

ボーアの原子模型

電子には飛び飛びの軌道がある！

ラザフォードのモデルの欠点

ラザフォードが示した原子模型では、電子が原子核のまわりを回っています。しかし、それまでの電磁気学をこのモデルに当てはめると、電子は回転運動するときに光を放出してエネルギーを失い、中心へ向かって落ちていくはずであるという結果が導かれ、現実と矛盾してしまう問題を抱えていました。

デンマークの物理学者**ニールス・ボーア**（1885〜1962年）は、この問題を解決すべく、**プランク**の**エネルギー量子**の考え

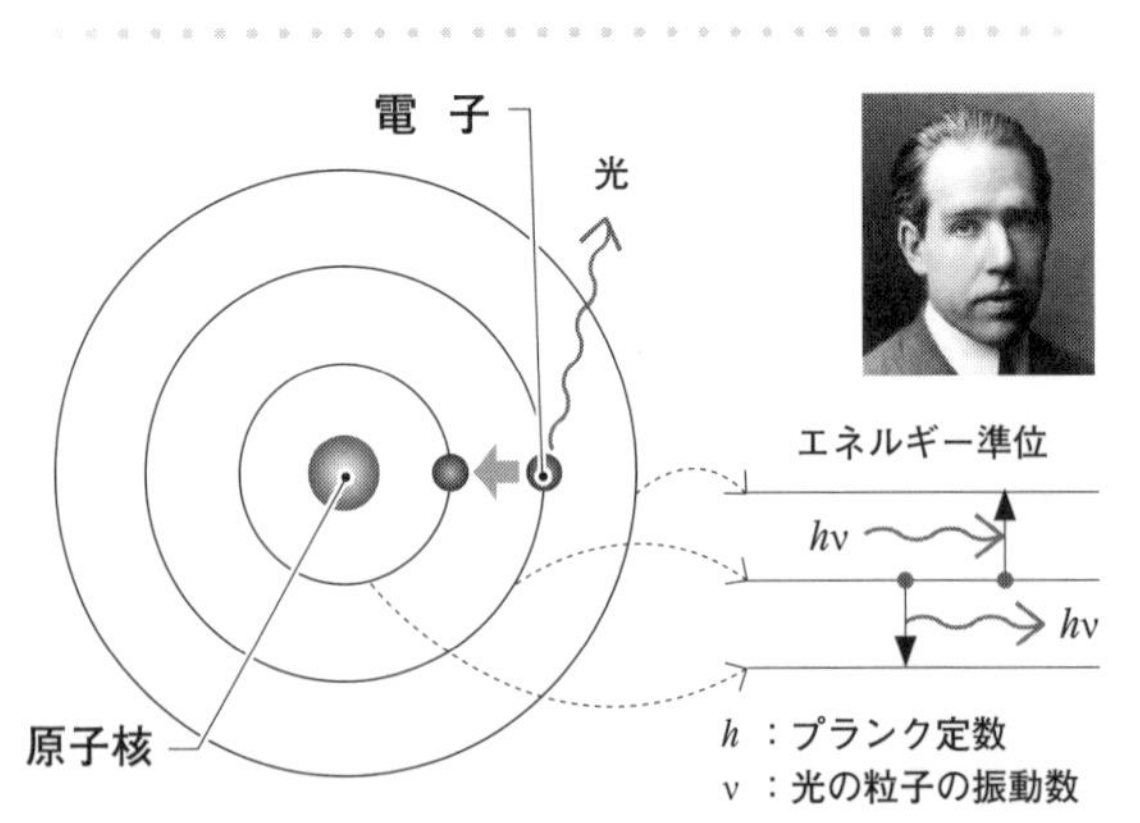

▲ボーアの原子模型。原子核のまわりに、電子の軌道が同心円状に存在する。エネルギー準位は内側が低く、外側が高い。ときに電子は、光のエネルギー（$h\nu$）を外部に放出しながら、ひとつ内側の軌道に飛び移る。あるいは、光のエネルギーを外部から吸収しながら、ひとつ外側の軌道に飛び移る。

方（155ページ参照）を取り入れた独創的な原子模型を、1913年に提示しました。

電子には軌道がある

ボーアは、「電子も最小の単位のエネルギーが決まっており、中途半端な値を取れない」と考え、それを理由に、「電子は特定の軌道しか通ることができない」としました。

ボーアの考えた原子の構造は、次のようなものです。原子核のまわりに、**電子軌道**がいくつもあり、それぞれの軌道の大きさは、**プランク定数**を含む値の整数倍しか取れません。つまり、軌道は決まった幅で、離散的（とびとび）に存在しているのです。

軌道には、それぞれに固有の**エネルギー準位**（じゅんい）（エネルギーの高さ）があります。エネルギー準位は、原子核に近い内側ほど低く、外側ほど高くなっています。

電子は、ある軌道の上を回転している間は、エネルギーを失いません。これを**定常状態**といいます。しかし、内側の軌道（低いエネルギーの状態）にジャンプするときがあり、そのときは、光の粒子（光子）の振動数にプランク定数をかけた $h\nu$ という最小単位のエネルギーを放出します。逆に、外側の軌道（高いエネルギーの状態）にジャンプするときは、同じ単位のエネルギーを外部から吸収します。

まさに天才的な思考のジャンプによって生み出された、このボーアの原子模型の理論は、量子論を大きく発展させることになります。

09 ミクロの世界に物理学の光が！

原子の内部構造が解明されていく

プラスの電荷を担う陽子

19世紀末に、原子の内部の**電子**が発見されていましたが（152ページ参照）、電子は負の電荷をもっていますので、「原子の中に、正の電荷をもつ何ものかがあって、電子とバランスを取っているはずだ」と考えられました。

その「何ものか」は、**ラザフォードの散乱実験**（162ページ参照）から、**原子核**として姿を現しましたが、やがて、その原子核の中身が明らかになっていきます。

1918年、窒素ガスに**アルファ線**を当てる実験をしていた**ラザフォード**は、「**水素の原子核**と同じもの」が発生していることに気づきました。

水素が混じっているはずがなかったので、「水素の原子核（と同じもの）」は、窒素の原子核が壊れて飛び出したものだと考える以外ありませんでした。

この「水素の原子核（と同じもの）」は、正の電荷をもつ、電子と同じくらい基本的な粒子だという結論に、ラザフォードは達します。そしてその粒子を、**陽子**と名づけたのでした。

未知の質量を埋める中性子

水素原子は、陽子1個を原子核として、電子1個とともに構成されており、その原子核は非常に軽いものですが、ほかの物質を調べると、いろいろな重さの原子核をもっています。

電荷や重さを計算したラザフォードは、1920年に、「電荷的に中性で、陽子とほぼ同じ質量をもつ、未知の粒子が存在し、陽子とともに、いろいろな原子の原子核を構成しているはずだ」との予想を発表しました。

のちの1932年、イギリスの物理学者**ジェームズ・チャドウィック**（1

▼原子の内部構造と、その発見の歴史。

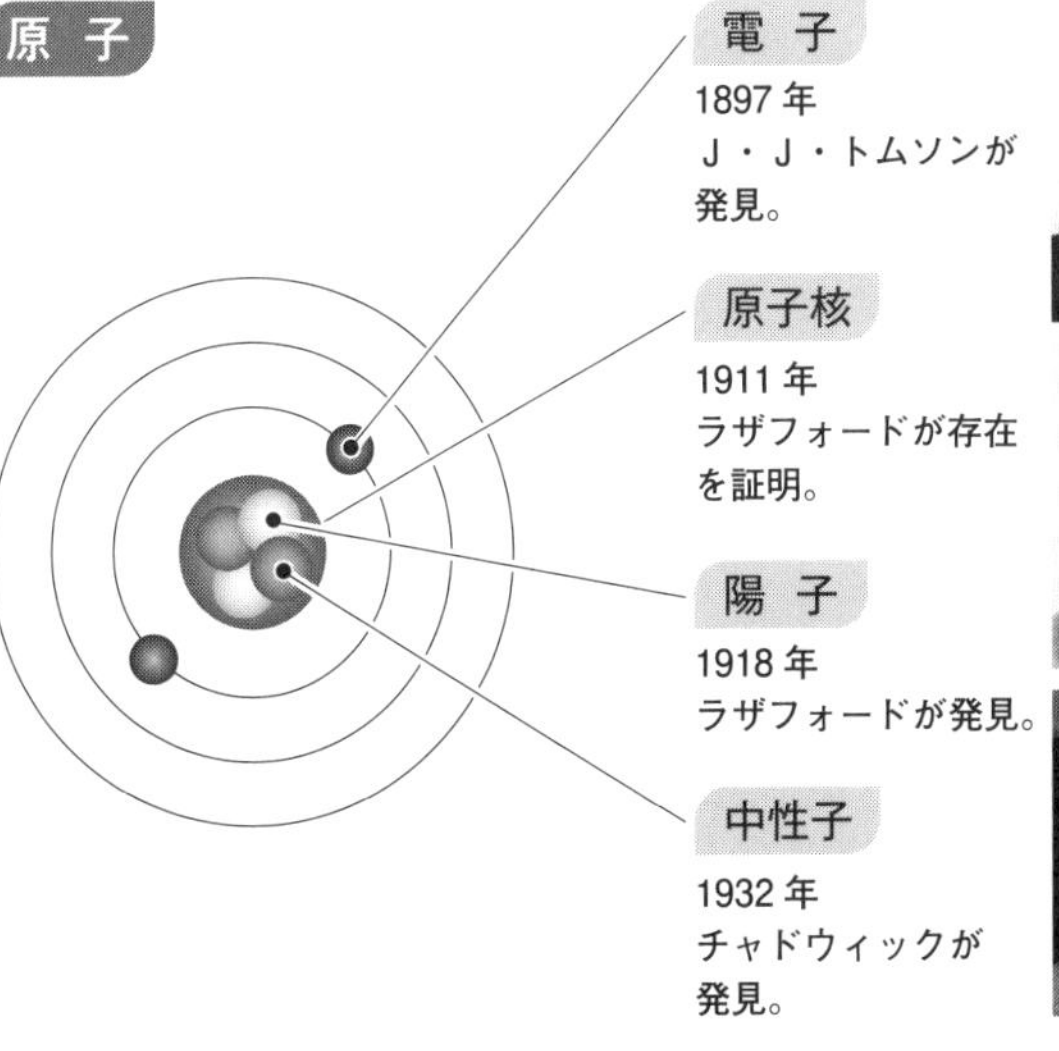

第1章 第2章 第3章 第4章 第5章 第6章 現代物理学の革命 第7章

891～1974年）の実験によって、そのとおりの粒子の存在が証明され、**中性子**と名づけられました。原子の「材料」が、これでひとまずそろったことになります。

中性子の個数が異なる同位体

さて、じつはここでやっと、**放射線**（150ページ参照）の正体について、くわしいお話ができるのです。そのために、**同位体**というものから説明していきます。

ほとんどの原子では、陽子と中性子と電子の個数が一致します。高校化学で学ぶ**周期表**は、陽子の個数を**原子番号**とし、その小さい順に原子（正確には元素）を並べたものですが、たとえば原子番号2の**ヘリウム**は普通、陽子2個、中性子2個、電子2個をもっています。原子番号6の**炭素**は、多くの場合、陽子・中性子・電子を6個ずつもっています。

しかし、ほんの一部の炭素は、中性子を7個もっていたり、あるいは8個もっていたりします。このように、原子を構成する中性子の個数が異なるものを、同位体といいます。

放射性崩壊と放射線

炭素の同位体のうち、中性子を8個もつもの（**炭素14**）は、非常に不安定な状態です。そこで、安定した状態に変わろうとして、**放射性崩壊**という現象を引き起こします。それは、**原子核が別の原子核へと構造的に変化しながら、放射線を出す**現象です。**放射性物質**（151ページ参照）が放射線を発するのは、この放射性崩壊が原因です。

ここでの炭素14の放射性崩壊は、**ベータ崩壊**（195ページも参照）といい、ちょっと信じがたいことに、中性子が陽子に変化する現象です。陽子が増えるので原子番号が増え、炭素14は**窒素**になって安定します。

このとき、**電子**と**反電子ニュートリノ**というものが、原子核から放出されます。これが放射線の代表格のひとつ、**ベータ線**です。

同じように、**アルファ線**は**アルファ崩壊**から生じます。アルファ崩壊とは、ある原子核がヘリウムの原子核（陽子ふたつと中性子ふたつ）を放出して別の原子核に変わる放射性崩壊であり、このときの放射線（ヘリウムの原子核）がアルファ線なのです。

▼放射性崩壊と、そのとき放出される放射線。

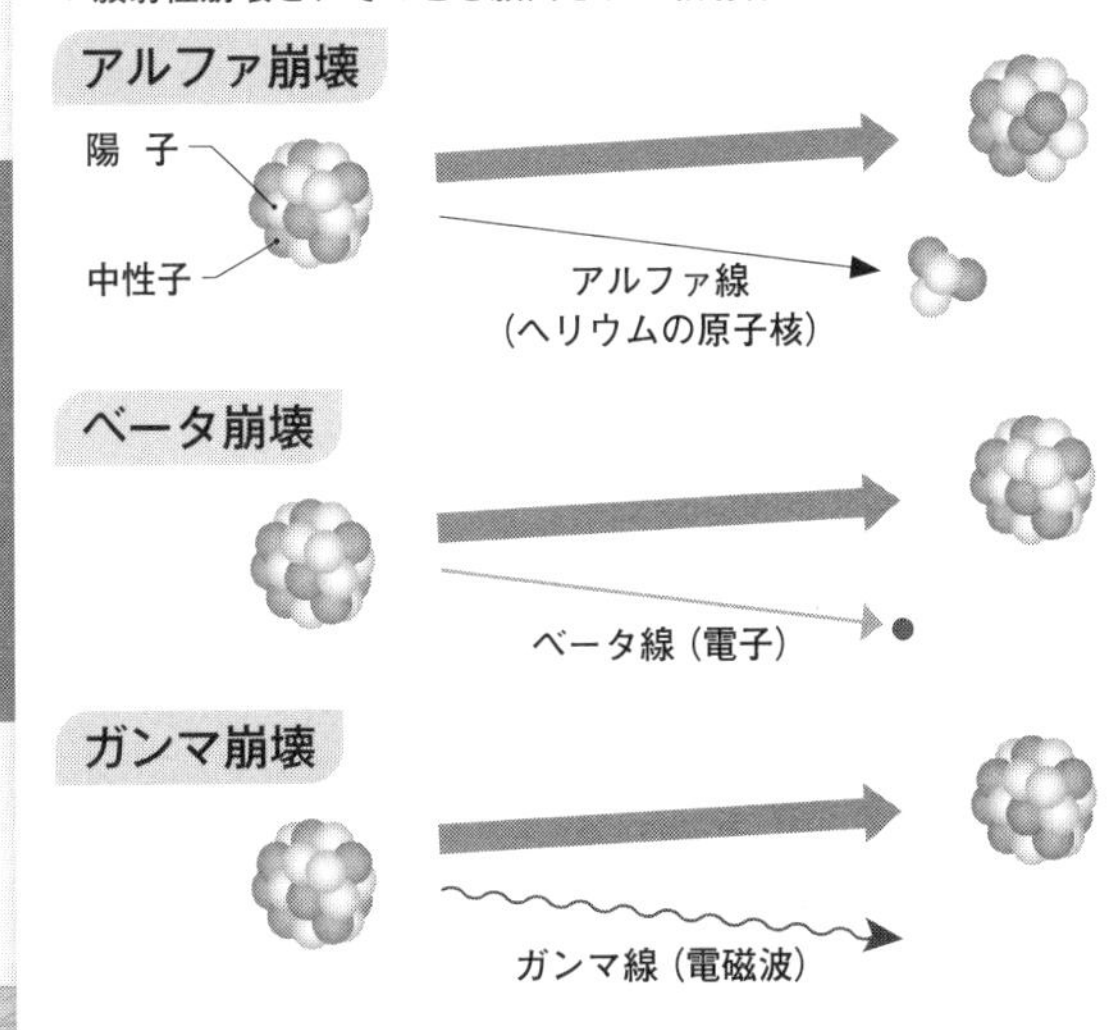

10

宇宙線の検出

宇宙の成り立ちを調べる手がかりに！

放射線はどこから？

放射線には、**自然放射線**と**人工放射線**の2種類があります。

人工放射線は、X線装置などで人工的に発生させた放射線や、原子力発電などで生み出された放射性物質から出る放射線です。

これに対して自然放射線は、地中の放射性物質から発せられるものと、宇宙からやってくるものがあり、後者を**宇宙線**といいます。

20世紀初頭には、「自然放射線は、もっぱら地中の鉱物などから発生する」と考えられていました。それが正しいとすると、高い場所に行くほど、放射線の発生源から離れるため、放射線は少なくなるはずです。

これを確かめようと、エッフェル塔の上で計測が行われました。ところが、予想された値と合わない結果になります。

宇宙からやってくる小さな粒子

オーストリア出身の物理学者**ヴィクトール・フランツ・ヘス**（1883〜1964年）は、できる限り地上から離れたところで

天の川銀河以外の銀河
銀河系外宇宙線
天の川銀河
超新星残骸
太陽
銀河宇宙線
太陽宇宙線
放射線帯

▲宇宙線は、次のように分類できる。❶地球の磁場に引き寄せられてやってくる「放射線帯」からの宇宙線、❷太陽からの「太陽宇宙線」、❸太陽系の属する「天の川銀河」内からやってくる「銀河宇宙線」、❹「天の川銀河」の外からやってくる「銀河系外宇宙線」。❸はおもに、「超新星爆発」(質量の大きい恒星が一生を終えるときの大爆発)の残骸である「超新星残骸」を起源とする。

調べようと、1911年から1912年にかけて、自(みずか)ら気球で5000メートルもの高さまで昇りました。

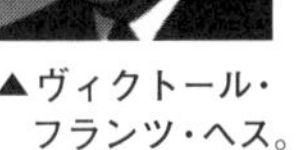

▲ヴィクトール・フランツ・ヘス。

そこまでした甲斐(かい)あって、上空へ向かうにつれて放射線が強まることがわかり、それが地球の外から降り注いでいることがはっきりします。宇宙線の発見です。

そののち、この宇宙線の正体が、19世紀末から次々に発見されてきているような、原子よりも小さい粒子であることがわかります。

宇宙線は、人間が作り出せないほど高いエネルギーや、宇宙の成り立ちにかかわる情報をもっており、そののちの時代のさまざまな発見に役立つことになります。

11 一般相対性理論

加速度と重力を扱えるようになった

特殊から一般へ

アインシュタインが完成させた**特殊相対性理論**（158ページ参照）には、まだ課題が残っていました。アインシュタインは**慣性系**同士の相対性を整理しましたが、**加速**するような状況（**加速度系**＝**非慣性系**）はまだまったく考慮に入れていません。また、**重力**も理論に組み込まれていませんでした。

しかしアインシュタインは、この課題を瞬く間に解決する発想を得たのです。

ほかの天体の重力の影響を受けない宇宙空

▼宇宙船が宇宙空間で等速直線運動しているとき（左）、宇宙船の内部は無重力状態である。宇宙船が加速するとき（右）、宇宙船の内部では進行方向と逆向きに「慣性力」が発生する。この「慣性力」が、原理的に「重力」と同じだとするのが、「等価原理」である。

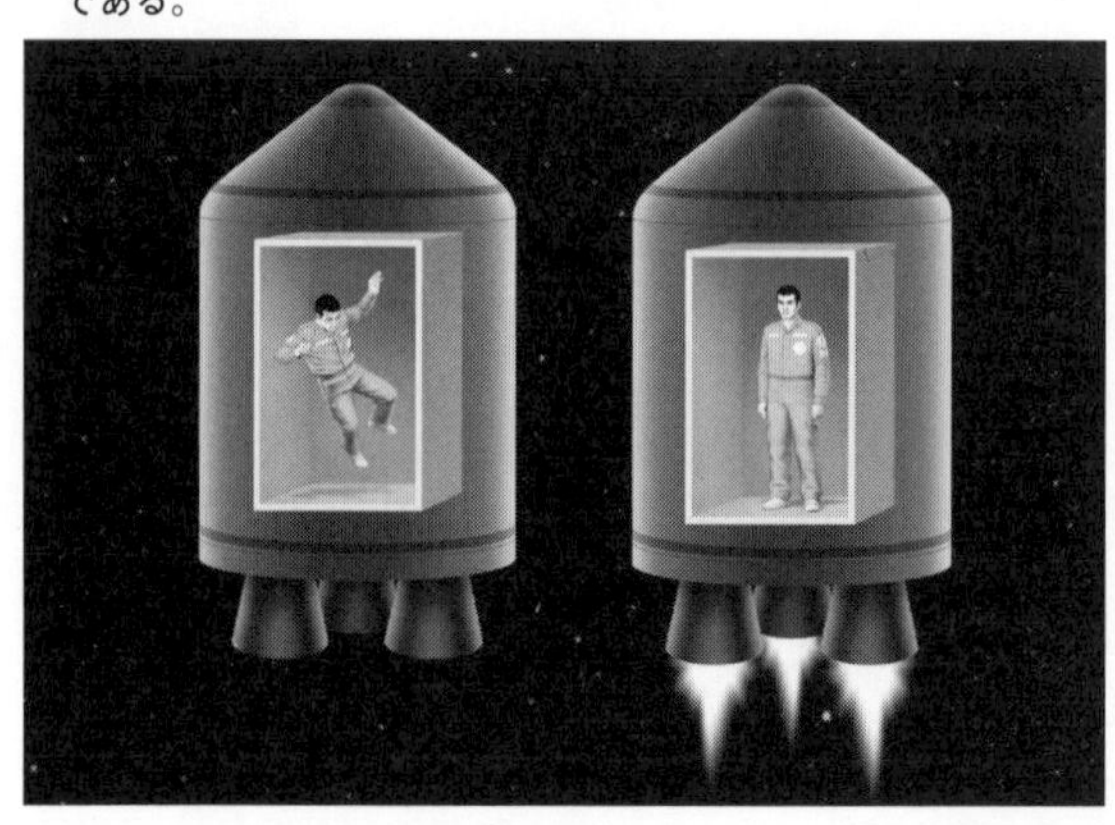

間で、等速度で運行する宇宙船を考えましょう。等速度で進行する限り、宇宙船内は無重力ですから、中の人はふわふわと浮きます。しかし、エンジンに点火して加速度運動を始めると、中の人は**慣性力**（21ページ参照）を受け、それを利用して、重力のはたらいている地球上と同じように立つことができます。

中の人は、「まるで重力だ」と思ったとしても、すぐに「でも、加速したから力を受けているだけで、重力じゃない」と常識的に考えるでしょうが、**この力は、原理的に、重力とまったく同じもの**です。つまり、本来「真の重力」と「慣性力」というふたつの力を区別することはできないのです。

このことは**等価原理**と呼ばれます。この等価原理にもとづいて、慣性系という「特殊」な状況だけではなく、加速度系（非慣性系）や重力の効果も統一的に扱えるようになった、さらに「一般」的な理論を、**一般相対性理論**といいます（1915～1916年発表）。

ついにすべての立場は同等に！

「重力と慣性力は同じものだ」といえるとすると、**慣性系と非慣性系の差はない**ことになります。なぜなら、重力を受けながら地球に立って静止している人の状況と、加速する宇宙船の中での状況は、等価原理により、まったく同じものといえるからです。

つまりこの立場からいえば、慣性系に限らず**すべての立場は物理的に同等であり、そこ**

には相対性があるだけといえます。

このような考え方を**一般相対性原理**と呼びます。等価原理と一般相対性原理を合わせたものが、一般相対性理論を構成する土台です。

重力の正体は「空間のゆがみ」

一般相対性理論の重要な方程式である、アインシュタインの**重力場**(じゅうりょくば)**の方程式**の内容を見てみましょう。この方程式は噛(か)み砕(くだ)いていうと、**「エネルギーや運動量をもつ物体のまわりの空間はゆがむ」**というものです。

運動量とは「**質量×速度**」で決まる量であり、運動の激しさを決める量です。つまり、非常に高速で運動する物体や、地球や太陽のような重い物体のまわりでは、特に顕著(けんちょ)に空間がゆがみます。

▼一般相対性理論の重力場の方程式。左辺は時空の曲がりを、右辺は物質のエネルギーと運動量を表す。特に右辺については、π も G も c も定数なので、分数部分はひとつの定数とみなすことができる。

$$R_{\mu\nu} - \frac{1}{2} g_{\mu\nu} R = \frac{8\pi G}{c^4} T_{\mu\nu}$$

$R_{\mu\nu}$ ……曲率テンソル
$g_{\mu\nu}$ ……計量テンソル
R ……スカラー曲率
π ……円周率
G ……重力定数
c ……光速
$T_{\mu\nu}$ ……エネルギー・運動量テンソル

この効果のために、左図のように地球のまわりでは空間がゆがんでいます。またそのせいで、直進しているはずの光も曲がっているように見えます。この曲がった光を見て、私たちは「光が地球の重力で曲がった」と解釈するのです。

▲重力の大きいところでは、空間がゆがむ。ゆがんだ空間の中を進む物体の運動を計算するときは、「重力場の方程式」から空間のゆがみを表す「計量」を計算し、その量を「測地線方程式」という方程式へ代入する。

本質的で「美しい」理論

一般相対性理論により、「**重力**とは、ニュートン力学がいうような、互いの質量だけで決まる単純なものではない」ということがわかりました。エネルギーや運動量といった量こそが、重力を与える本質的な量なのです！

一般相対性理論は、電磁気学から発展した特殊相対性理論とは違って、いうなれば、当時の物理学ではまったく需要のない理論でした（現在では当然、宇宙物理学などを中心に、必須の理論ですが）。アインシュタインは純粋に、「理論の美しさ」を追い求めた人物だといえます。私たちはその姿勢にどこか憧れて、彼を「天才」と呼ぶのかもしれません。

12 波と粒子の二重性

不思議な性質をもつのは光だけじゃない！

電子にも二重性がある

さてここで、「光は波か粒子か」という、科学者たちを悩ませてきた問題に戻ります。

1922年、アインシュタインの**光量子仮説**（156ページ参照）がアメリカの**アーサー・コンプトン**（1892～1962年）によって実証され、奇妙なことに、「光が波であるという説も、粒子であるという説も、どちらも正しい」ということになりました。

もう少し正確にいうと、光は不思議なことに、「波としての性質」と「粒子としての性質」の、両方をもっているのです。

▲ルイ・ド・ブロイ。

フランスの物理学者**ルイ・ド・ブロイ**（1892～1987年）は、「そのような二重性が、粒子だと思われているほかの物質にも当てはまるのではないか」と考え、粒子であるはずの電子を、波として扱ってみました。

すると、「非常識的で意味がわからないが、なぜか測定値と一致する」と思われていた**ボーアの原子模型**（164ページ参照）に、理論的な根拠を与えることができたのです。

物質波の概念

1924年、ド・ブロイは、ミクロの粒子には波動性があるとする、**物質波**（**ド・ブロイ波**）の概念を提唱しました。ミクロの世界では「波」と「粒子」の性質が両方成立するという、きわめて奇妙な事実は、量子論の基本的な立脚点になっていきます。

これは、粒子が集まって波を作るという意味ではありません。ひとつの粒子が波のようにふるまうのです。

技術が進歩した現代では、光の波動性を示す**ヤングの実験**（120ページ参照）と同じことを、何と「電子1粒ずつ」で行うことが可能となっています。この**二重スリット実験**を行うと、撃ち出された1個の電子が、波として広がってふたつのスリットを通り抜けたかのような、**干渉縞**ができてしまうのです！

▼電子1個を撃ち出す二重スリット実験。

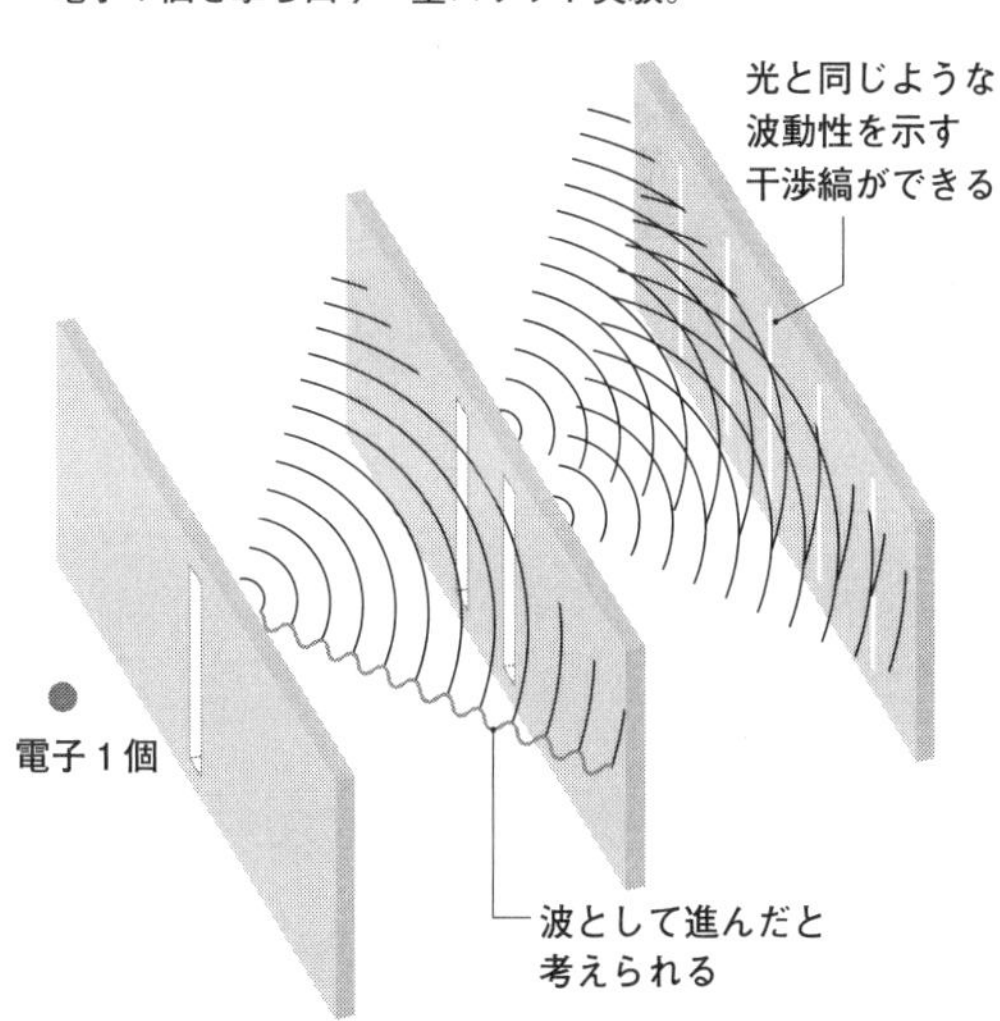

13 パウリの排他原理

まったく同じ量子状態の物質粒子はない

排他原理のふたつの表現

ミクロの粒子が波の性質ももつという二重性は、その奇妙さも含めて、量子論の本質を表す理論ですが、量子論の基本ルールとなる仮説がもうひとつ、1925年に発表されました。オーストリア出身の物理学者**ヴォルフガング・パウリ**（1900〜1958年）によって発見された、**パウリの排他原理**です。

▲ヴォルフガング・パウリ。

これはひとまず、❶「物質を作っている粒子について、ふたつ以上の粒子が、まったく同じ量子状態を占めることはない」と表現することができます。

別の表現をすると、❷「ひとつの電子軌道に、入れる電子は2個までで、そのスピンは逆でなければならない」となります。

❶と❷は、まったく違うことをいっているように見えますが、じつは同じことをいっているのです。とても面白いところですので、それぞれの文の内容を、ひとつずつ解きほぐしていきましょう。

❶ ふたつ以上の物質粒子（フェルミ粒子）がまったく同じ量子状態を占めることはできない

└量子数の組み合わせ

最低１種類の量子数は違っていなければならない

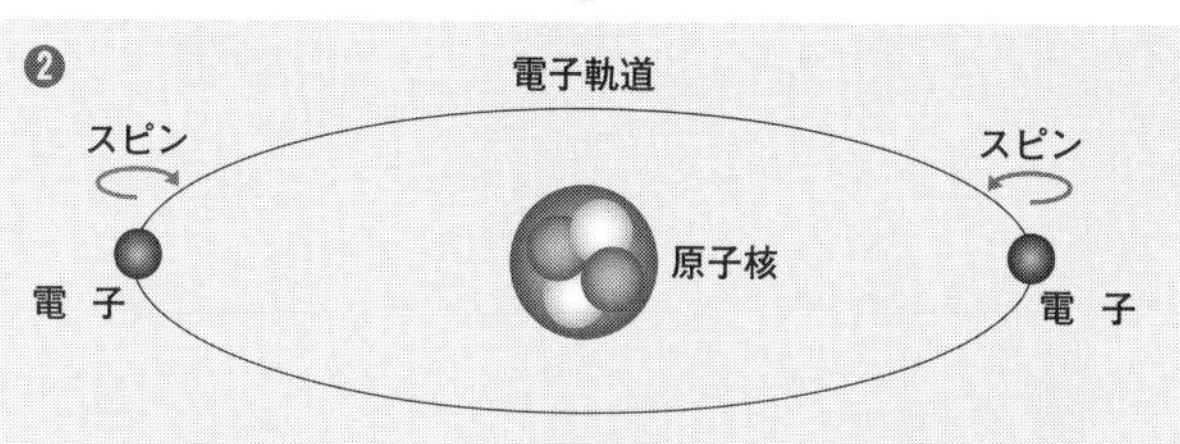

電子軌道が同じなら、スピンは異なっていなければならない

▲パウリの排他原理を、ふたつの別の観点から見る。電子軌道は３つの量子数から決定されるものであり、同じ軌道に入る電子は、その３つの量子数が同じであることになるため、残るひとつの量子数にかかわるスピンは、違っていなければならない。

量子状態とは何か

量子論が扱うミクロの粒子の代表格は**電子**ですが、この電子は原子の内部部品であり、物質を作っている粒子です。

電子は電子同士まったく同じであり、見た目などで区別することはできませんが、位置や運動によって「個人」を特定できる、「個人情報」のようないくつかの条件があります。

それらの条件は、いかにも量子論らしく離散的（とびとび）な値を取るので**量子数**といい、量子数の組み合わせを、**量子状態**といいます。

これでもう、パウリの排他原理の表現❶の内容がわかったことになります。要は、物質を作っている粒子について、「まったく同じ個人情報の組み合わせをもつ粒子が、ふたつ以上存在することはない」といっているのです。「排他原理」の「排他」とは、「共有」の逆であり、量子状態（個人情報の組み合わせ）を共有しないことを意味します。

スピンとは何か

さて、電子において、量子状態のほとんどは、電子が原子核のまわりを「公転」する**電子軌道**にかかわるものです。

しかし1920年代、電子が「公転」とは違う回転エネルギー（**角運動量**）のようなものをもっていることがわかります。そこから、「電子は自転しているのではないか」と考えられ、その「自転」のような性質は、**スピン**と名づけられました。

実際はスピンは自転ではなく、**スピン角運動量**という数学的な値を通してしか考えられない何ものかです（これに対応するような古典力学的運動は存在しません）。そのスピン角運動量は、**スピン量子数**という離散的な量子数で決まります。そして電子は、スピン量子数から、**「上向きスピン」**か**「下向きスピン」**か、どちらかの状態になります。

要は、「電子には、スピンにかかわる量子数があり、それによって、2種類のスピンのどちらかに決まる」ということです。ここでは便宜的に、スピンの向きを、量子数のようなものだと考えてもよいでしょう。

これで、パウリの排他原理の表現❷が理

解できます。

電子は、ひとつの電子軌道に入った時点で、スピン以外の量子数の組み合わせが、ひと通りに決定してしまいます。だから、ひとつの電子軌道に複数の電子が入るには、スピンが違っていなければいけません。

そして、電子が取れるスピンの種類は2通りだけ。ゆえに、ひとつの電子軌道に入れる電子は、互いにスピンが逆のふたつだけなのです。

主量子数
方位量子数
磁気量子数
→ 軌道が決定

スピン磁気量子数 → スピンが決定

▲電子の量子状態を区別するための4つの量子数。

電子だけに限らない！

電子のように、物質を構成する粒子を、**フェルミ粒子**（202ページ参照）といいます。パウリの排他原理は、フェルミ粒子一般に対して成り立ちます。

フェルミ粒子とは違う種類の粒子もあります。力を伝える役割をする、**ボース粒子**（198ページ参照）です。フェルミ粒子もボース粒子も、スピンの性質をもっています。

量子の種類	役割	例	スピン量子数
フェルミ粒子	物質を構成	電子など	半整数
ボース粒子	力を伝える	光子（光の粒子）など	整数

14 シュレーディンガーの波動方程式

量子力学の土台となる式は「確率」を表現!?

波動方程式を物質波に拡張！

量子論の基礎を築く偉業が続きます。オーストリア出身の**エルヴィン・シュレーディンガー**（1887〜1961年）は、「音や水などの波について使われていた波動方程式を、**ド・ブロイの物質波**（177ページ参照）に当てはまるように書き換えられるのではないか」と考えます。その

▲エルヴィン・シュレーディンガー。

▼シュレーディンガー方程式で表現される電子の波動を、電子の発見確率として解釈した図。たとえば、水の波のデータを取って関数で表し、グラフにすることができるが、そのグラフの振幅は、通常の水面から波がどれだけ高まったか／低まったかを表す。しかし、波動関数によって与えられる振幅は、電子の存在が発見される確率という、数学的で抽象的な「波」だとされる。

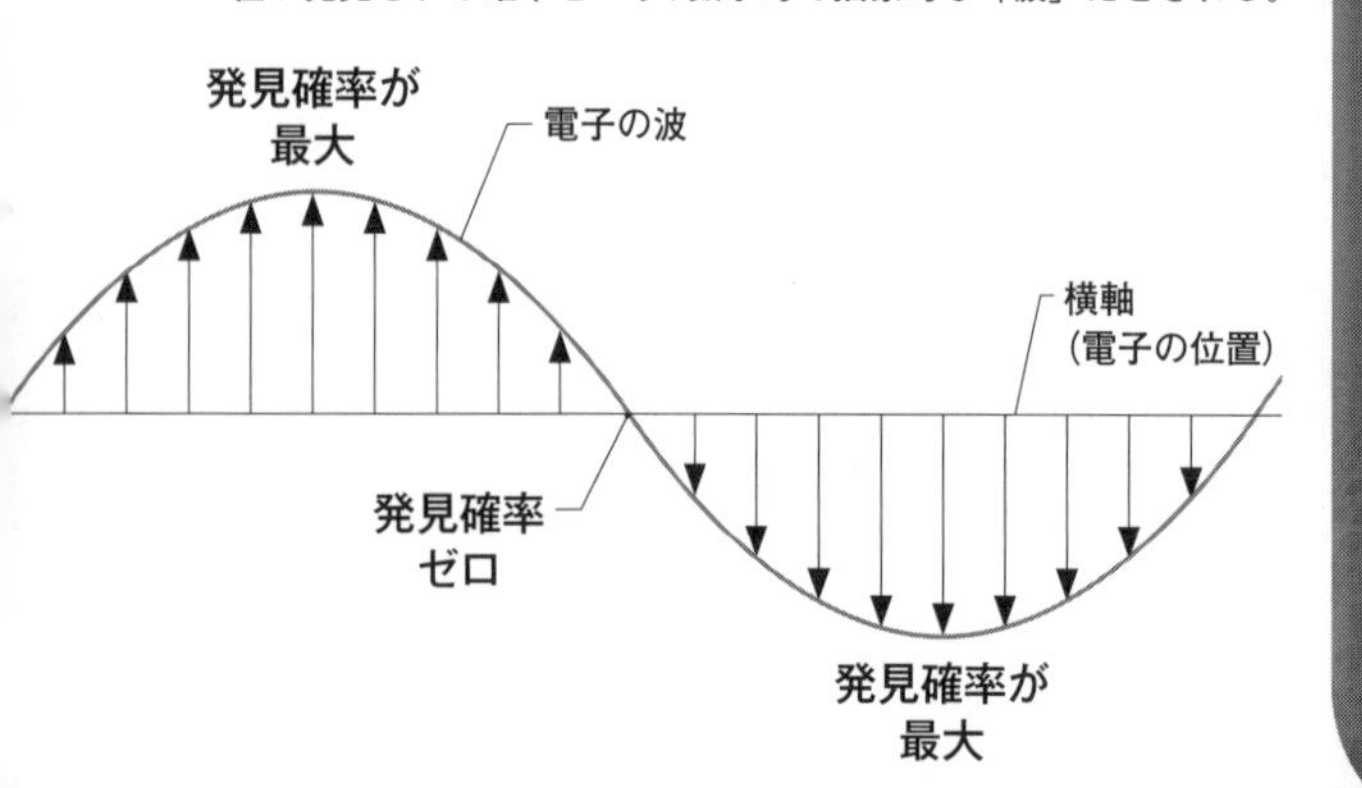

成果として1926年、**シュレーディンガー方程式**を導き出し、電子の運動を示す**波動力学**を展開しました。

この式を使うと、水素原子の電子軌道について厳密な解を求めることができるなど、多くの量子的問題を表現できます。ほかの物理学者たちによってまったく違うアプローチから導かれた**行列力学**との同等性も証明され、非常に実用的だと称賛されました。ミクロな物理現象を記述する**量子力学**の土台が、この方程式によって打ち立てられました。

「確率」の波!?

しかしこの式は、理解が難しい部分を含んでおり、「それ自体が何であるか」という本質はなかなかつかめませんでした。ここでドイツの物理学者**マックス・ボルン**（1882～1970年）が、「この式を解いて現れる波動は、**粒子の発見確率**の高低という、抽象的な波である」とする解釈を表明します。

方程式の提唱者であるシュレーディンガー自身は、電子が実在の波の状態にあると考えており、ボルンの解釈を受け入れませんでした（188ページ参照）。量子論の実質的な創始者のひとり**アインシュタイン**も、「確率」の考え方を拒否します。

しかし、**ボーア**をはじめとする多くの物理学者が、**量子的なミクロの世界の原理を「確率」に求める**解釈を支持し、これが主流の考えとなってゆくことになるのでした。

15

ミクロの粒子は位置と運動量を同時に決定できない ハイゼンベルクの不確定性原理

本質的な不確定性

ドイツの物理学者**ヴェルナー・ハイゼンベルク**（1901〜1976年）は1927年、**電子の観測方法**について考えていました。

ミクロの世界を観測するには、基本的に、光の粒子（**光子**）をぶつけてどのように跳ね返るのかを測定することになります。しかし、波長の短い光子をぶつけると、電子の方向や速度が変わってしまい、逆に波長の長い光子をぶつけると、電子の位置がはっきりわからないというジレンマがあることに、彼は気づきました。

このことを数式に表して提示したのが、**不確定性原理**です。運動量と位置の測定について、一方の誤差を小さくすれば他方の誤差が大きくなり、原理的に、誤差の積を一定以下に下げられないことを表します。

▲ヴェルナー・ハイゼンベルク。

発想のもととなった「光子をぶつける」という行為がなくても、量子の性質としてそのような原理はもともと成り立つということが、ほかの研究者たちによって補強されています。

波長の短い光を当てる

波長が短い光で位置を測ると、粒子の運動量に誤差が出る

電子などの小さな粒子

光子のエネルギーで速度が変わる

光 源

光

波長の長い光を当てる

▲ハイゼンベルクの不確定性原理の概念図。

「ラプラスの悪魔」の運命は……

従来の物理学では、技術の進歩とともに実験精度はどんどん上がっていき、いずれ、小さな粒子の様子が正確にわかるようになると思われていました。

ところが、不確定性原理により、ミクロの粒子の運動量と位置を、同時には決められないことがわかってしまいました。

波動方程式の解釈（183ページ参照）による「確率」の導入とあいまって、**「ラプラスの悪魔」**（110ページ参照）的な古典力学の決定論は、根底からゆるがされます。**量子力学**が、現代物理学の革命であるゆえんです。

16

コペンハーゲン解釈とエヴェレット解釈

確率的な重ね合わせはどこで起こっている？

確率の波が収縮する？

ニールス・ボーアは1927年、「ミクロな物質のもつ、波と粒子というふたつの性質は、同じ現象のふたつの面である」という**相補性原理**を主張し、**不確定性原理**と合わせて、量子力学の数学的枠組みを完成させます。

ボーアは、「**ミクロな現象は確率的にしか記述できない**」ということを主張しました。

その理論によると、シュレーディンガー方程式の解は、**観測するまでは無数の可能性の重ね合わせ状態である**ことになります。波のように存在確率の分布を広げている電子が、観測した瞬間に一点に収縮し、突き出た部分が粒子に見える、といったイメージです。

これを、ボーアの研究所のあったデンマークのコペンハーゲンにちなんで、量子論の**コペンハーゲン解釈**といいます。妥当な解釈とされましたが、問題もありました。

問題のひとつを紹介します。ミクロな現象の波の状態は、観測した瞬間に収縮するとされるのですが、そのできごとが時間ゼロで起こるとすると、情報伝達の速度は**光速**を超えてしまうのです。これは**特殊相対性理論**（158ページ参照）からいってありえません。

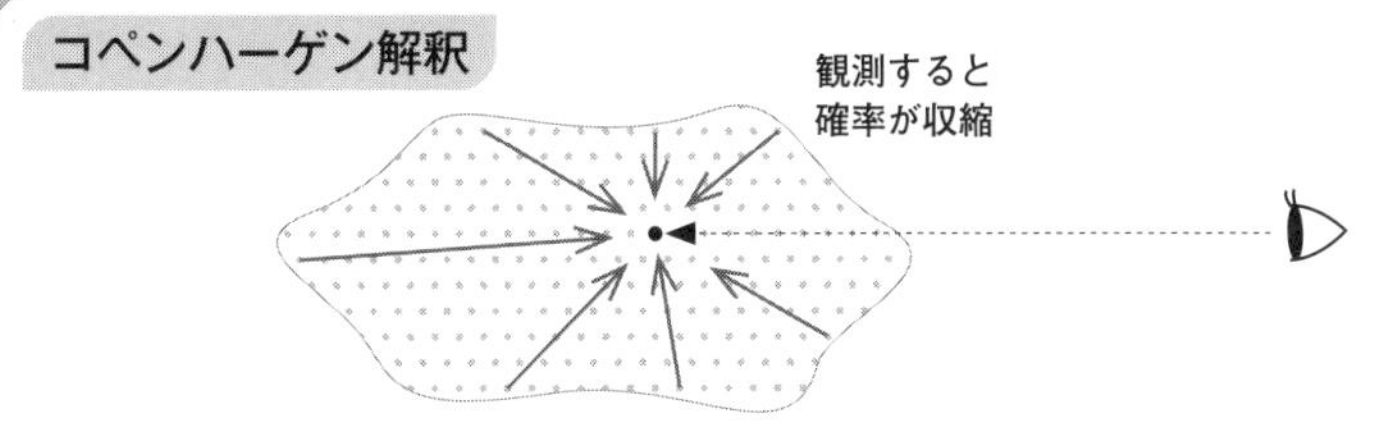

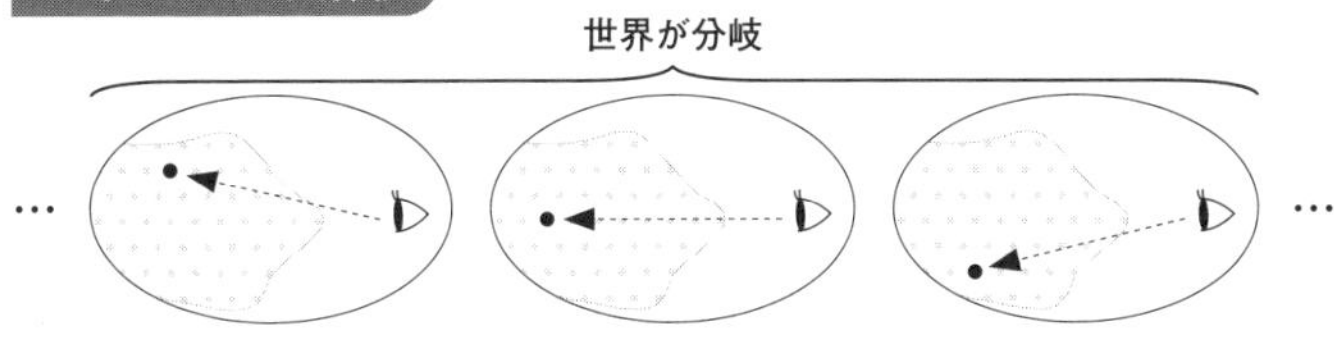

▲コペンハーゲン解釈は、「観測するまで電子の位置はわからないから、いろいろな可能性が考えられる」という意味ではない。一定の範囲のそれぞれの位置に存在している状態が、確率的に重ね合わされている。しかし、「観察によって電子の位置が一点に定まったとき、それまで重ね合わされていたほかの状態はどうなるのか」という問題がある。エヴェレット解釈は、「観察した瞬間、世界が分岐する」と考えることで、この問題を解決できると主張する。

世界が多数に分岐する？

これに対して、だいぶのちになりますが、1957年、アメリカの**ヒュー・エヴェレット**（1930〜1982年）が提示した新しい量子論の見方が、**多世界解釈**（**エヴェレット解釈**）です。

これは、「ミクロの物質だけでなく、世界のすべてが**重ね合わせ状態**であり、確率的に決まるできごとが起こった数だけ、世界そのものが多数に分岐（ぶんき）してゆく」というものです。

分岐後にほかの世界を認識することはできないため、正しいか間違っているか、原理的に実証できませんが、魅力的な説で、フィクションにも頻繁（ひんぱん）に利用されています。

17 シュレーディンガーの猫

確率と重ね合わせはマクロに通用するか？

量子的な思考実験

シュレーディンガーは、波動方程式によって量子力学の確立に絶大な貢献をした人物ですが、「確率」という解釈に対しては強く抵抗しました。

コペンハーゲン解釈への反論として、シュレーディンガーが考案したのが、**「シュレーディンガーの猫」**と呼ばれる、非常に巧妙な思考実験です。

鉛の箱の中に、1時間放置すると50パーセントの確率で放射線が飛び出す放射性物質を用意します。放射性物質から放射線が飛び出す現象（168ページ参照）は、原子よりも小さいミクロのレベルの、量子論的なできごとなので、仮にコペンハーゲン解釈が正しいとすれば、いつ放射線が飛び出すかは、確率的にしかわかりません。

そこに検出器を設置し、放射線が飛び出したら毒ガスが発生する仕組みにします。さらに猫も一緒に箱に入れ、ふたを閉めるのです。

1時間後、ふたを開けて「観測」します。そのとき、猫が生きているか死んでいるか確認することができますが、その生死は、いつ決定したのでしょうか……？

▲「シュレーディンガーの猫」のイメージ。コペンハーゲン解釈に従うと、観測するまでは、「生きている猫」と「死んでいる猫」とが確率的に重ね合わさっているという、解釈しづらい状態が実現していることになってしまう。

ミクロとマクロをつないだら？

電子の位置ならば、「観測」した瞬間に決定されます。では、猫の生死も、ふたを開ける瞬間まで決定されないのでしょうか？

直観的にはありえない話です。

コペンハーゲン解釈では、**ミクロの物質**は**重ね合わせ状態**にあると考えます。しかし、**マクロの物質**は重ね合わせ状態になることができません。では、**ミクロとマクロを直接の関係でつないだらどうなるのか**、というのがシュレーディンガーの提起した問題です。

この問題についても、現在まで、完全な解答は出されていません。量子論はある意味で、いまだに完成を待っている学問なのです。

18 反物質の存在を示唆する！ ディラックの方程式

シュレーディンガー方程式を改良

イギリスの物理学者**ポール・ディラック**（1902～1984年）は、**量子論**と**特殊相対性理論**を融合（ゆうごう）させようと考え、1928年、**ディラック方程式**を発表しました。

▲ポール・ディラック。

シュレーディンガー方程式には**スピン**（180ページ参照）の概念が入っておらず、また、特殊相対性理論に対応できないという欠点もありました。ディラック方程式は、それらを解決できるように改良して導いたものです。

ただし、ディラック方程式には、それまでに存在が考えられていなかった「負のエネルギー状態」なるものが現れるという問題がありました。

この「負のエネルギー」を整合的に理論化するために、ディラックは1930年、**ディラックの海**という概念を考案します。これは、**真空**を「負のエネルギーをもつ電子で埋め尽くされた状態」としてとらえ直すアイデアでした。詳細は省きますが、この概念と**パウリの排他原理**（178ページ参照）を用いれば、負のエネルギーについて説明することができたのです（ただし、ディラックの海の概念は、のちに不要なものになります）。

反粒子と反物質

ここで注目すべきは、ディラック方程式とディラックの海が、ある未知の粒子の存在する可能性を示唆したことです。

その粒子は、電子と同じ質量とスピンをもち、電荷の符号だけが逆になります。電荷が正（プラス）の電子（のようなもの）なので、それは**陽電子**（ようでんし）と呼ばれました。そして1932年、実際に陽電子が発見されます。

ディラックは電子以外にも、全種類のミクロ粒子に対して、電荷などの属性が逆の粒子が存在するはずだと予言しました。物理学の領域を広げる**反粒子**（はんりゅうし）の概念が、ここに示されたのです。やがて、反粒子から構成される**反物質**（はんぶっしつ）という概念も生み出されます。これは現在の宇宙物理学などにも欠かせないものです。

▼粒子と反粒子の代表例。

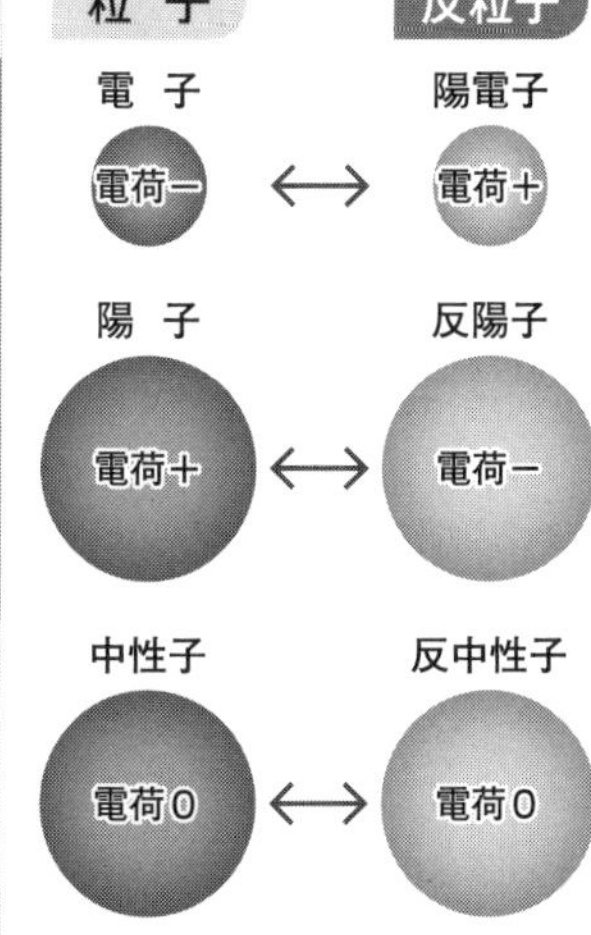

COLUMN 06

天才たちのマンハッタン計画

第2次世界大戦中、アメリカによって進められた原子爆弾開発の**マンハッタン計画**には、多くの物理学者たちがかかわりました。

当時ナチスドイツ側だった**ハイゼンベルク**が原子炉(げんしろ)の製造をしていることを知った、亡命ユダヤ人の物理学者**レオ・シラード**(1898~1964年)や**アインシュタイン**らは、1939年、「ドイツよりも先に原子爆弾を作るべきだ」との手紙を、アメリカ大統領**フランクリン・ルーズヴェルト**(1882~1945年)に送りました。

当初、ルーズヴェルトは関心を示さなかったようです。しかし、イギリスでユダヤ系の物理学者**オットー・フリッシュ**(1904~1979年)らが、原子爆弾の実現性を高める発見をすると、ルーズベルトは1942年、核兵器の開発を承認しました。

こうして、マンハッタン計画がスタートします。原爆製造の研究チームを指導したのは、ドイツ系の物理学者**ロバート・オッペンハイマー**(1904~1967年)でした。

ハイゼンベルクから原子炉の設計図を見せられていた**ボーア**は、原子爆弾の可能性について、「この戦争には間に合わない」と語っていたといいます。そんな原子爆弾を1945年に完成させたのは、アメリカの巨大な工業力と、**エンリコ・フェルミ**(1901~1954年)などノーベル賞受賞者も多数含む、物理学の天才たちでした。

極小の世界と極大の宇宙へ

01 宇宙に存在する4つの力

すべての相互作用は素粒子に媒介される！

強い相互作用はクォークを結合

この自然界に存在するさまざまな「力」の源をたどると、たった4種類の「相互作用」に分類できることが、現代の物理学ではわかっています。それらの相互作用を、ひとつずつ見ていきましょう。

ひとつめは、**強い相互作用**（**強い力**）。これは、**原子核**の中にある**陽子**や**中性子**の、そのまた内部にはたらいている力です。

陽子や中性子はそれぞれ、**クォーク**（202ページ参照）という種類の**素粒子**（198

▼強い相互作用。陽子は、アップクォークふたつとダウンクォークひとつが、強い相互作用によって結合することで、まとまりを保っている。

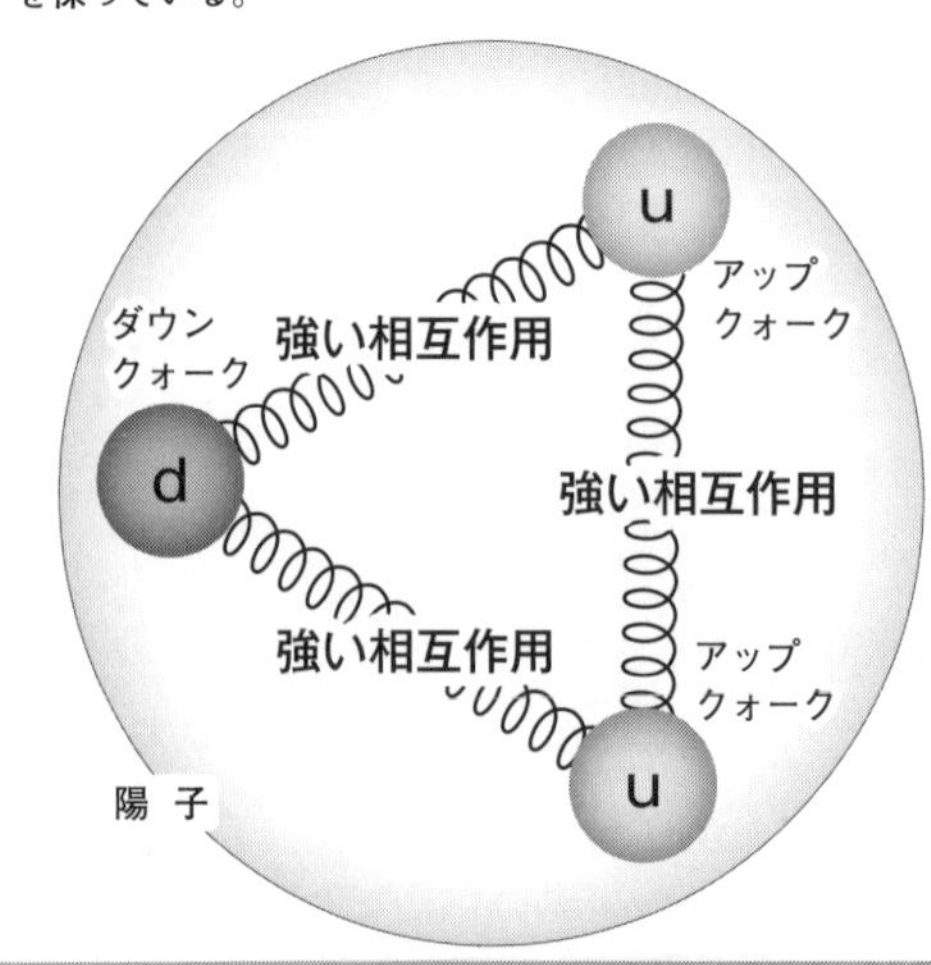

ページ参照）が、3つ結合してできています。そして、3つのクォークを互いに結合させている力こそが、強い相互作用なのです。

弱い相互作用は粒子を変換

強い相互作用と対になる**弱い相互作用**（**弱い力**）は、原子核の**ベータ崩壊**（169ページ参照）が起きるときに、典型的にはたらく力です。ベータ崩壊では、原子核内部の**中性子**が、**電子**と**反電子ニュートリノ**を放射線として放ちながら、**陽子**に変化します。

その仕組みをくわしく見ると、下図のようになります。中性子の**ダウンクォーク**のひとつが、陽子の**アップクォーク**に変わっていま

▼ベータ崩壊においてはたらく弱い相互作用。たとえば太陽の中心部では、水素の原子核が弱い相互作用によって核融合反応を起こすことで、大量のエネルギーを生み出している。

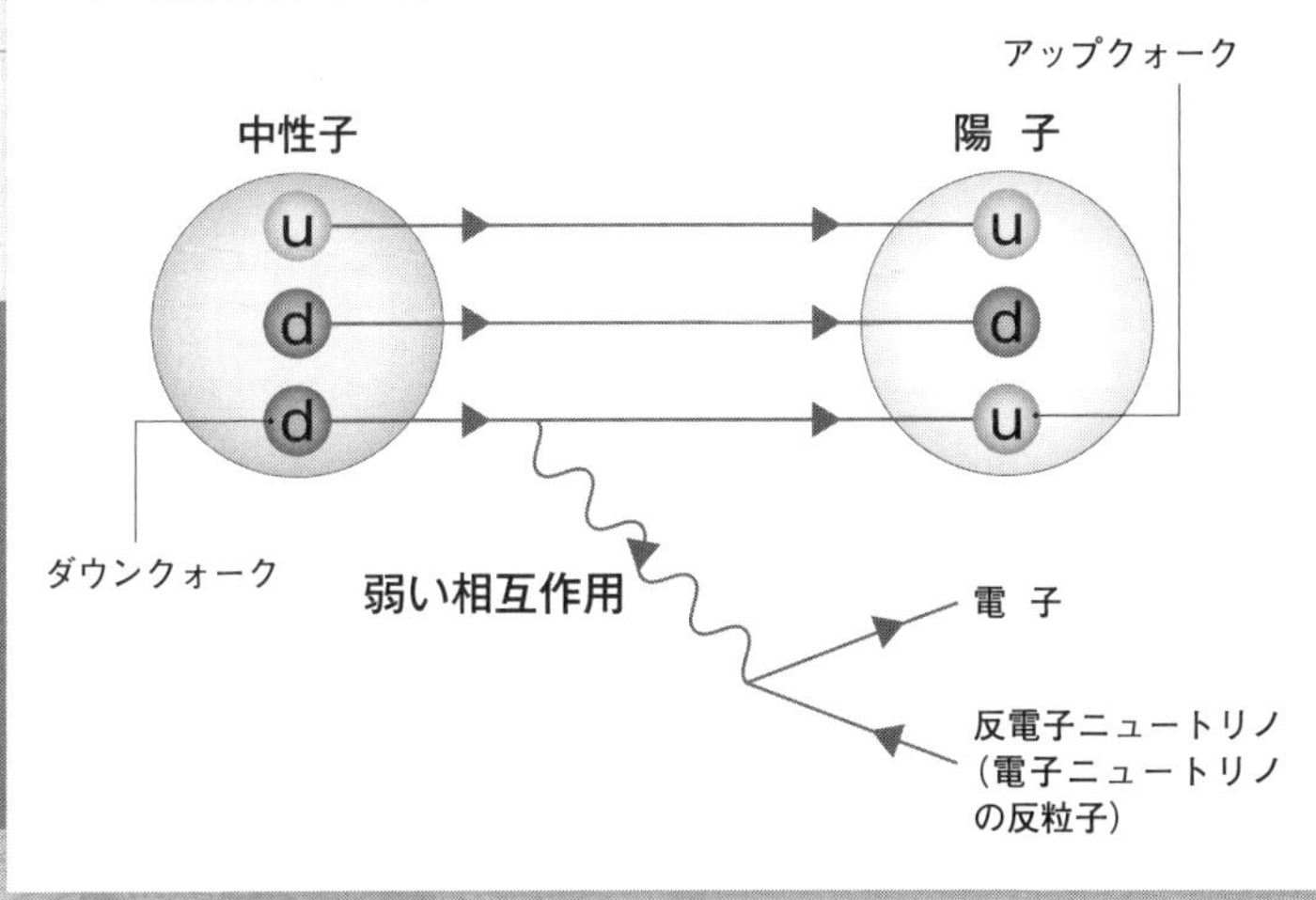

すね。弱い相互作用は、粒子の種類を変える力といってもよいでしょう。

電磁相互作用

さて、「強い相互作用」と「弱い相互作用」の呼び名は、**電磁相互作用**と比較して強いか弱いかという観点からつけられたものです。

電磁相互作用は、これまでは**電磁気力**として登場しました。電気の力と磁気の力を合わせたものです。これは、原子の内部で原子核と電子を結びつけている力でした（18ページ参照）。よりくわしくいうと、原子核内部の陽子の正の電荷と、電子の負の電荷が、バランスを取っているのです。

宇宙で一番弱い相互作用は重力

4つめの相互作用は、**重力相互作用**です。単に**重力**ともいいます。**ニュートン**の万有引力の法則（98ページ参照）は、この重力相互作用を定式化したものです。

重力相互作用は、どんなに離れていてもはたらきます。しかし、その力はほかの3種類の相互作用よりも非常に弱く、桁が違いすぎて不思議なくらいです（私たちが地球の重力を強く感じるのは、地球の質量がとんでもなく大きいからです）。

重力相互作用が、現状ほど弱くなかったら、すべての物体が互いにくっつき合って、巨大なかたまりになってしまうでしょう。

① 強い相互作用

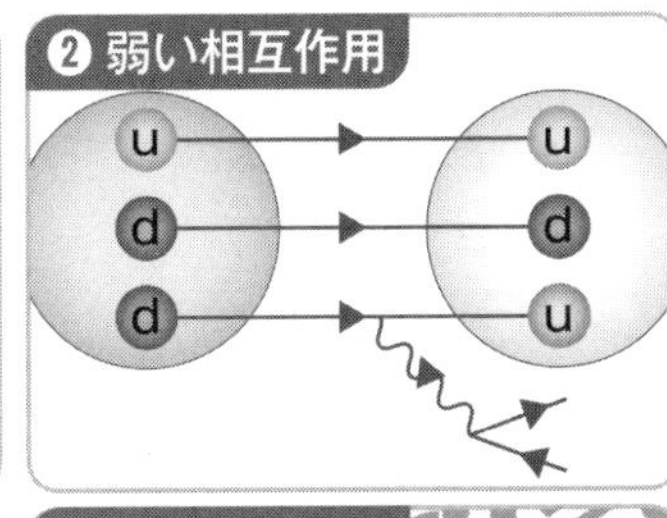

▲４つの相互作用のうち、私たちが日常生活の中で感じることができるのは、電磁相互作用と重力相互作用である。これらの間の関係については、219ページも参照。

相互作用とは何なのか？

これら4種類の相互作用はすべて、**力を媒介する素粒子がやり取りされる**ことによって発生します。

強い相互作用でいうと、3つのクォーク同士が、**グルーオン**という素粒子を互いに交換しつづけることで、陽子なり中性子なりの形にまとまっているのです。

これは、キャッチボールをイメージするとわかりやすいでしょう。あまり遠くに離れると、キャッチボールを続けられなくなりますよね。「ボールのやり取りを続ける」ということが、近くに集まっているための「力」になっているのです。

02

標準模型による素粒子の分類

宇宙の力を媒介するゲージ粒子

標準模型とボース粒子

素粒子とは、それ以上分割できない、宇宙の最小単位です。この宇宙にどのような素粒子があるのか、素粒子物理学のスタンダードな理論、**標準模型**(ひょうじゅんもけい)での分類を見てみましょう。

素粒子はみな**スピン**の性質をもっており、**スピン量子数**（180ページ参照）によって2種類に大別(たいべつ)されます。スピン量子数が半整数の値を取る**フェルミ粒子**（202ページ参照）と、整数の値を取る**ボース粒子**です。

このうちボース粒子は、インドの物理学者**サティエンドラ・ボース**（1894～1974年）にちなんで命名されました。

▲サティエンドラ・ボース。

ボース粒子は大ざっぱにいうと、「物質を作るのではないはたらきをする粒子」です。そのうち、スピン量子数がゼロ（ゼロも整数です）のものを、**スカラー粒子**（200ページ参照）といいます。

スカラー粒子以外のボース粒子は、**ゲージ粒子**と呼ばれます。そしてこのゲージ粒子こそが、**宇宙の相互作用を媒介する素粒子**です。

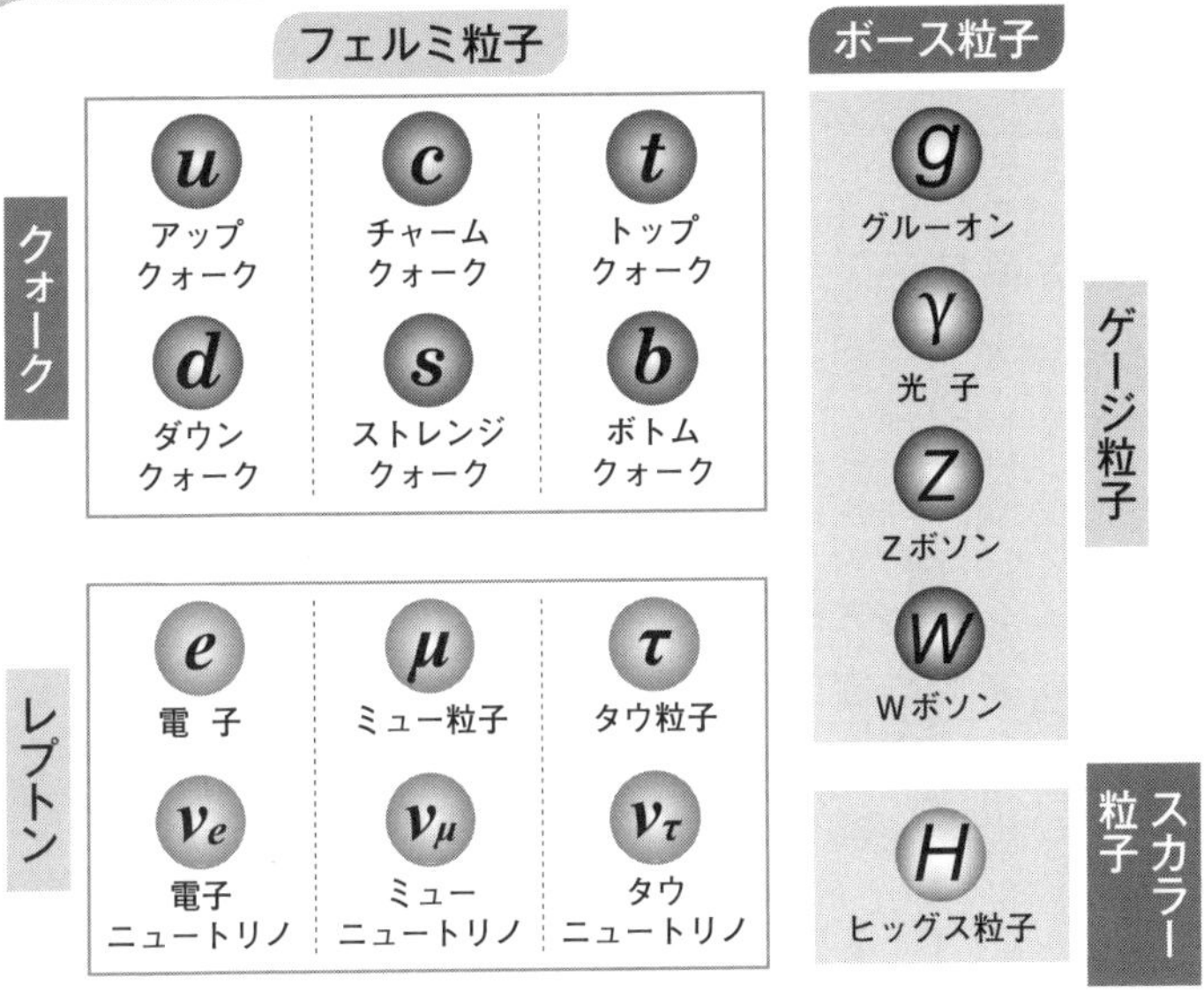

フェルミ粒子

クォーク

アップクォーク (u)	チャームクォーク (c)	トップクォーク (t)
ダウンクォーク (d)	ストレンジクォーク (s)	ボトムクォーク (b)

レプトン

電子 (e)	ミュー粒子 (μ)	タウ粒子 (τ)
電子ニュートリノ (ν_e)	ミューニュートリノ (ν_μ)	タウニュートリノ (ν_τ)

ボース粒子

ゲージ粒子
- グルーオン (g)
- 光子 (γ)
- Zボソン (Z)
- Wボソン (W)

スカラー粒子
- ヒッグス粒子 (H)

▲標準模型による素粒子の分類。物質を作るフェルミ粒子と、力を伝えたり質量をもたらしたりするボース粒子は、スピンの違いによって分けられる。

ゲージ粒子のはたらき

強い相互作用を媒介する**グルーオン**については、さきほどふれました。

ウィークボソンという素粒子は、**弱い相互作用**を媒介します。ウィークボソンには、**Zボソン**と**Wボソン**の2種類があります。

光子（**フォトン**）は、**電磁相互作用**を媒介します。これまで、波なのか粒子なのかという大問題で物理学者たちを悩ませていた光の正体は、この素粒子だったのです。

重力相互作用は、**重力子**（じゅうりょくし）（**グラビトン**）という素粒子が伝えていると考えられています。該当する素粒子はまだ発見されていませんが、存在は確実視されています。

03

物理学界が求めつづけてきた「神の粒子」

物質に質量を与えるヒッグス粒子

ヒッグス粒子は、ボース粒子のうち、スピン量子数ゼロの**スカラー粒子**の代表です（標準模型では、基本的なスカラー粒子はヒッグス粒子だけです）。**物質に質量を与える素粒子**として、1964年に**ピーター・ヒッグス**（1929年〜）によって存在を予言されていたものでした。

ついに悲願の発見！

物理学研究は、実験器具や観測機器の発達とともに進んできました。素粒子研究に欠かせない装置に、**加速器**があります。粒子を加速させて何かにぶつけたり、互いに衝突させたりして調べる設備です。

2012年、**欧州原子核研究機構**（CERN）による実験で、**大型ハドロン衝突型加速器**（LHC）が発見されたと発表され、世界中の物理学者や科学ファンが歓喜に沸きました。

質量はなぜ生まれたか

物質に質量が生まれた仕組みとしては、次のような**ヒッグス機構**が考えられています。

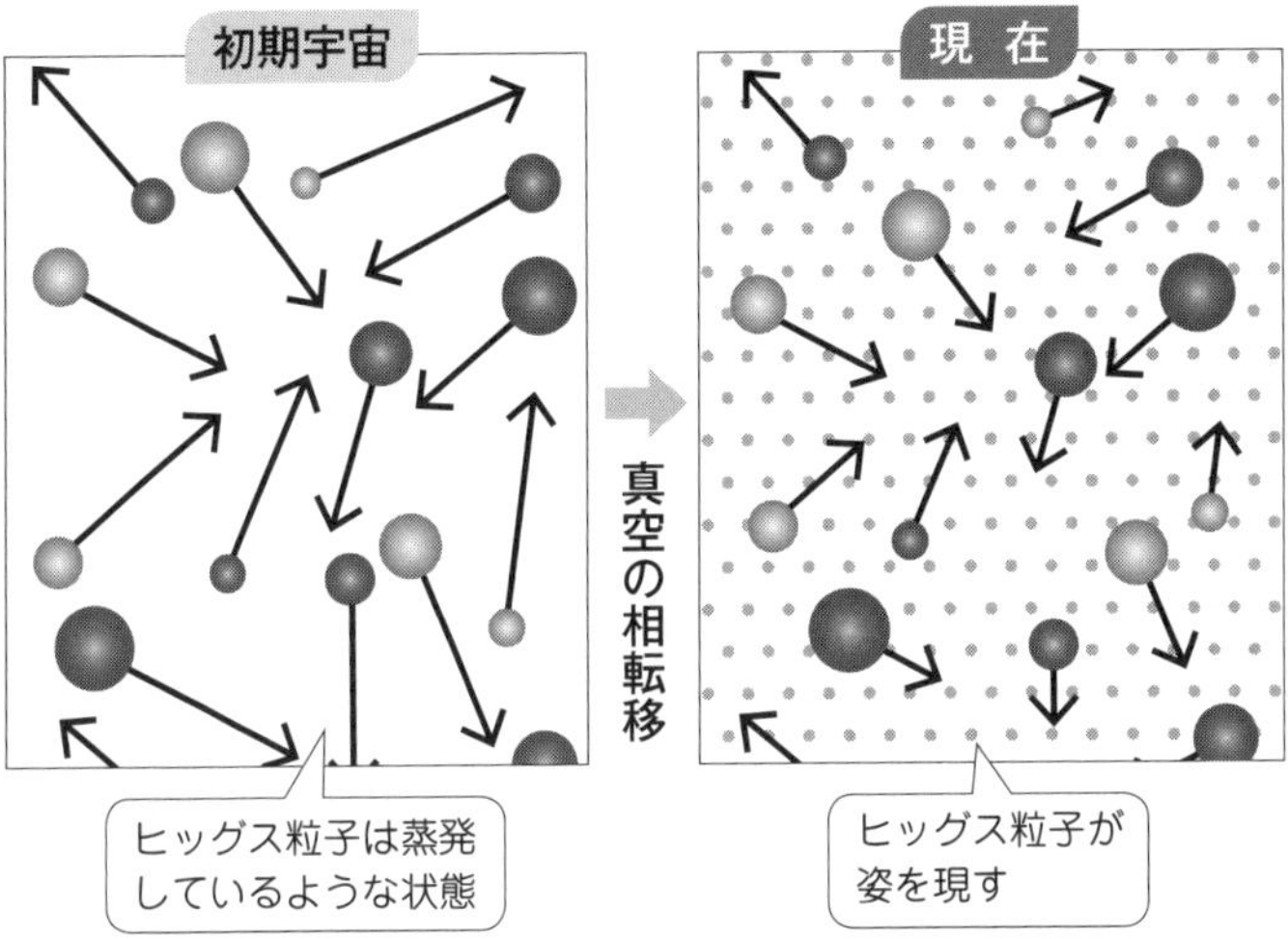

初期宇宙

現在

真空の相転移

ヒッグス粒子は蒸発していいるような状態

ヒッグス粒子が姿を現す

▲物質に質量が生じる仕組みを説明するヒッグス機構。「相転移」とは、水蒸気（気体）が水（液体）になるように、物質の状態が変わることである。「真空の相転移」により、宇宙に大量のヒッグス粒子が出現した。

宇宙の誕生直後、宇宙は非常に高いエネルギーに満ちていました。ヒッグス粒子はどうしていたかというと、まるで高温で水が蒸発して水蒸気になっているように、姿を見せずにいました。

ほかの素粒子たちは、じゃまするものがないため、光速で飛び回っていました。宇宙の最高速度で動き回る素粒子たちには、質量（動かしにくさ）がなかったといえます。

しかしここで、**真空の相転移**（そうてんい）という事件が起こります。宇宙の高エネルギー状態が冷え、水蒸気が水になるように、ヒッグス粒子が凝縮（ぎょうしゅく）して大量に出現したのです。

すると、それにぶつかってしまうため、素粒子の飛び回る速度が落ちます。これにより、素粒子が質量をもつようになったのです。

04 次々に見つかった新しい粒子たち

物質を構成するフェルミ粒子

クォークとレプトン

ここまで見てきた**ボース粒子**（ゲージ粒子とヒッグス粒子）と対になるのが、**フェルミ粒子**です。この名称は、イタリア出身の物理学者**エンリコ・フェルミ**に由来します。

相互作用を媒介したり、物質に質量を与えたりするボース粒子と違って、フェルミ粒子は**物質を作る粒子**です。重い**クォーク**と、非常に軽い**レプトン**の2種類に分けられます。

クォークとレプトンはそれぞれ6種類ずつあり、重さにもとづいて**第1世代・第2世代・第3世代**に分類されます。

▲エンリコ・フェルミ。

クォークの閉じ込めとハドロン

クォークは強い相互作用で結びつき、陽子や中性子となっていますが、単独では存在できません。陽子や中性子の中からひとつのクォークを取り出そうとしても、グルーオンの力が強力にはたらき、引き離せません。

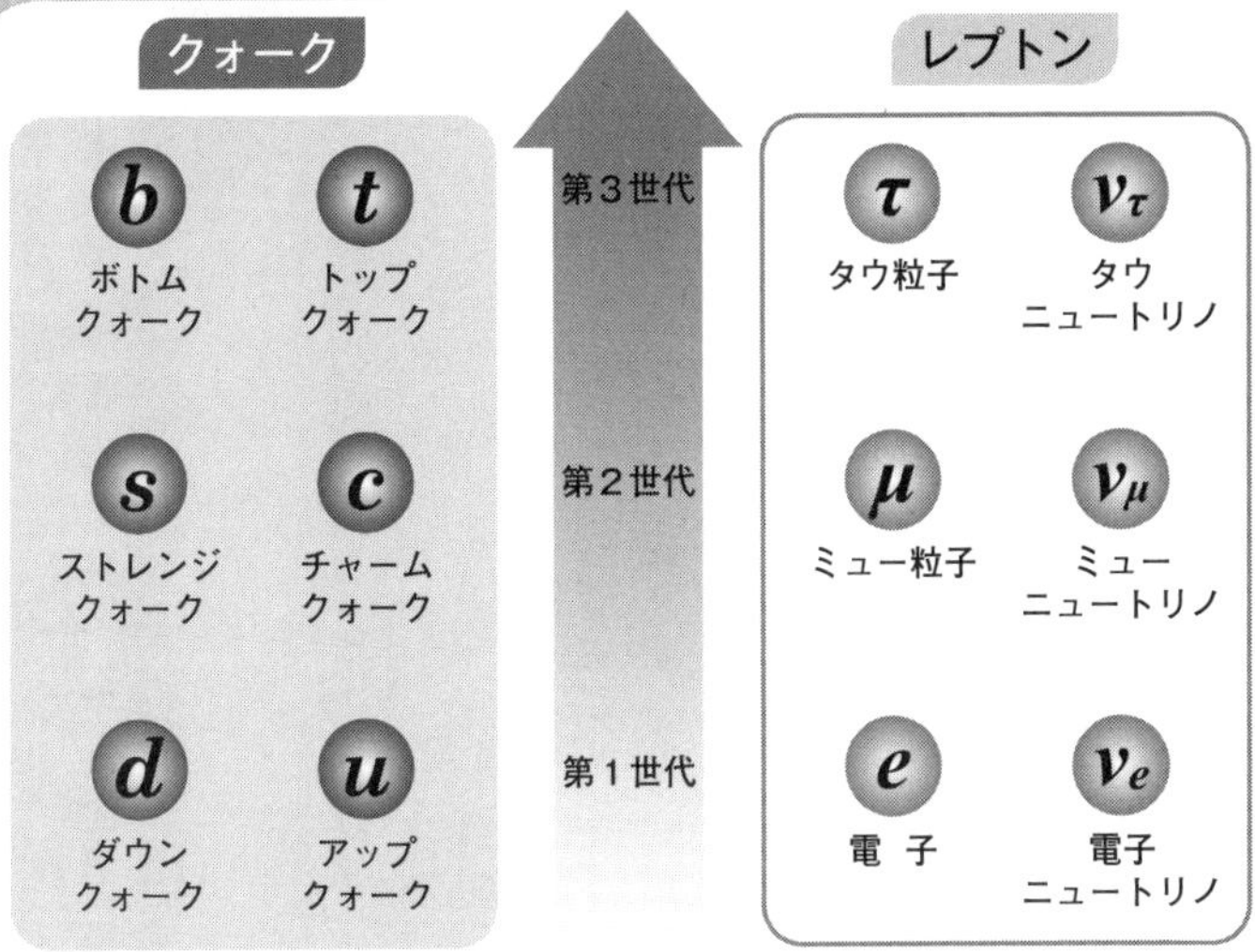

クォーク

レプトン

▲フェルミ粒子であるクォークとレプトンは、それぞれ3世代に分類される。私たちのまわりにある物質の原子は、電子とアップクォークとダウンクォークでできている。それ以外のフェルミ粒子は、宇宙線などから見つかった。

クォークの閉じ込めという現象です。

こうしてできているクォークの複合体を、**ハドロン**といいます。20世紀序盤に見つかっていった陽子や中性子のほか、いくつもの種類が、**宇宙線**や**加速器**での実験から見つかっていきました。陽子や中性子は当初、最小単位の素粒子だと考えられていましたが、やがてそれらを構成する**アップクォーク**と**ダウンクォーク**、そして**ストレンジクォーク**が発見されて、**複合粒子**であることがわかりました。

最初3種類しか見つからなかったクォークですが、すぐに**チャームクォーク**の存在が予言され、さらに、日本の物理学者**益川敏英**(ますかわとしひで)と**小林誠**(こばやしまこと)の理論によって、全部で6種類あるはずだとわかりました。1990年代までに、6種すべてのクォークが発見されています。

05

標準模型に修正を迫る大発見！

ニュートリノは振動する

観測が難しいニュートリノ

フェルミ粒子の**レプトン**の中には、**電子ニュートリノ**、**ミューニュートリノ**、**タウニュートリノ**という、3種類の**ニュートリノ**が含まれています。

ニュートリノは電気的に中性であるため、原子核などから電気的な引力や斥力を受けません。しかもきわめて小さく、原子の中の電子やクォークなどと衝突することがほとんどないので、地球や私たちの体など、あらゆる物質をすり抜けていくという特徴があります。

したがって、観測が非常に難しいのです。

1987年、日本の物理学者**小柴昌俊**（こしばまさとし）（1926〜2020年）は、岐阜県神岡鉱山の地下に作った観測施設**カミオカンデ**で、大マゼラン星雲での超新星爆発から放出されたニュートリノの観測に成功しました。この功績により小柴は、2002年度のノーベル物理学賞を受賞しています。

ニュートリノにも質量があった！

長らく素粒子の**標準模型**（198ページ参

照）では、「ニュートリノには質量がない」とされていました。しかし1998年、カミオカンデの後継施設**スーパーカミオカンデ**で、**ニュートリノ振動**という現象が観測されます。

　これは、ニュートリノが長い距離を飛ぶうちに、ミューニュートリノからタウニュートリノへといった具合に、種類を変える現象です。そしてこのニュートリノ振動が起こるためには、ニュートリノに質量がなければならないのでした。

　「ニュートリノに質量がある」という発見は、標準模型に修正を迫る、非常に重要なものです。発見者の**梶田隆章**（かじたたかあき）（1959年〜）は、2015年度のノーベル物理学賞を受賞しました。

　ニュートリノの研究は今、新しい理論への糸口として、世界中の物理学者から注目されています。

電子ニュートリノ ν_e
種類の変化
タウニュートリノ ν_τ
ミューニュートリノ ν_μ

▲電子ニュートリノ、ミューニュートリノ、タウニュートリノという分類を、ニュートリノの「フレーバー」と呼ぶ。3つのフレーバーの間でニュートリノが変化する現象が、ニュートリノ振動である。

▼ニュートリノが長距離を飛行する中でフレーバーを変えるのが、ニュートリノ振動である。

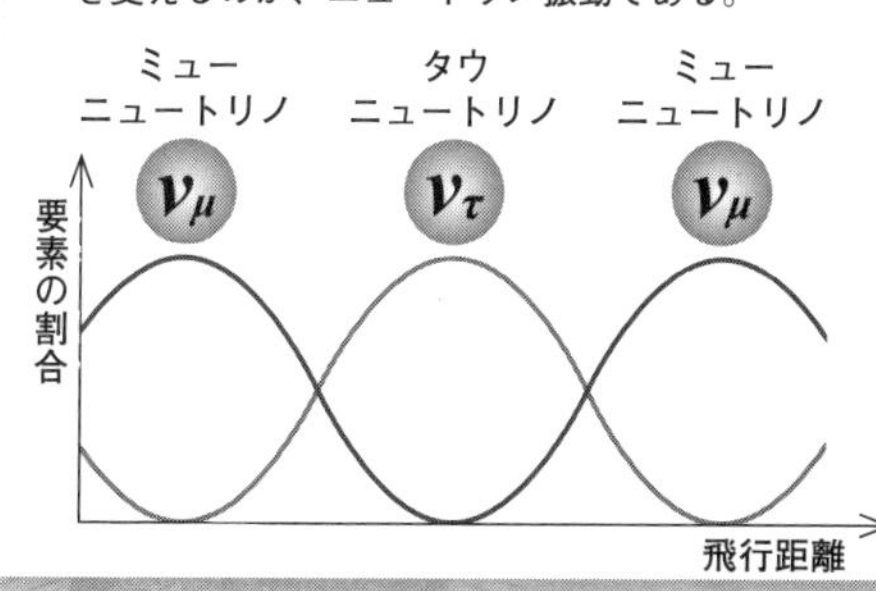

06

宇宙の始まり ビッグバン理論

高密度の火の玉から膨張した!?

宇宙の膨張

では次に、宇宙に目を向けてみましょう。たとえば、宇宙がどのように始まったのかを考えるのも、物理学の醍醐(だいご)味(み)のひとつです。

1927年ごろから、ベルギーの天文学者**ジョルジュ・ルメートル**（1894〜1966年）が、「宇宙はもともと、たった1個の小さな原子だったが、それが膨張して大きくなった」とする説を発表しはじめました。これは、**アインシュタイン**の**相対性理論**をもとに考えられた説でした。

アインシュタインは、「宇宙は永久不変のものだ」と考えていたため、ルメートルに反対します。しかし1929年、天文学者**エドウィン・ハッブル**（1889〜1953年）が、銀河の観測をもとに、たしかに宇宙が膨張していることを示す**ハッブルの法則**を発表しました。アインシュタインはこれを受け、宇宙の膨張を認めたのでした。

宇宙の始まりは超高密度・超高温

ロシア出身の物理学者**ジョージ・ガモフ**

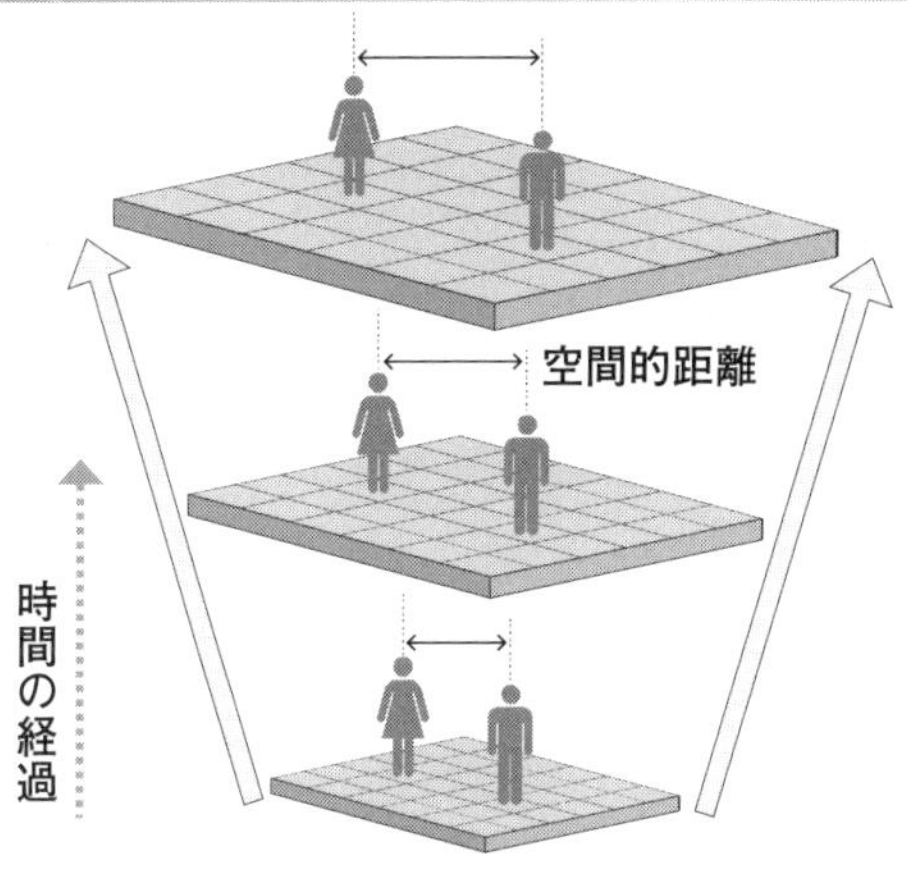

▲ハッブルの法則とは、「銀河の後退速度は、その銀河までの距離に比例する」というもの。これはつまり、「遠くの銀河ほど速く遠ざかっている」という意味である。宇宙を格子の入った平面としてイメージし、時間の経過とともにそれぞれの格子のサイズが大きくなっていくと考えるとよい。上図のようなメカニズムでは、遠くのマス目ほど、速い速度で遠ざかる。ハッブルの法則が成り立つということは、宇宙が膨張していることを意味する。

（1904〜1968年）は1940年代、「宇宙の初期は、超高密度で超高温の小さな火の玉で、そこから爆発的に膨張した」という説を提唱しました。イギリスの天文学者**フレッド・ホイル**（1915〜2001年）は、これを少しばかにして、「大きなドカーン（ビッグバン）」と呼びます。かくしてガモフの理論は、**ビッグバン理論**と呼ばれるようになるのでした。

ホイルはガモフとは逆に、「宇宙は膨張してはいても、一定の状態を保つ」とする**定常宇宙論**を唱えます。しかし1964年、かつて宇宙が超高温であったことの痕跡（こんせき）として、**宇宙背景放射**（うちゅうはいけいほうしゃ）という電波が見つかり（しかもそれは、ガモフが1940年代に予言していたことでした）、ガモフの主張がようやく認められるようになるのです。

07

ビッグバン理論を補って宇宙の始まりを説明

驚異のインフレーション理論

ビッグバンのさらに前

ビッグバン理論は、宇宙誕生の謎を解明する仮説として、広く受け入れられましたが、矛盾や謎もありました。

たとえば、きわめて初期の段階に、宇宙が超高密度の火の玉だったとして、その火の玉はどのようにして生まれたのでしょうか？

ビッグバン理論から延長線を引くようにビッグバン以前へとさかのぼろうとすると、「宇宙の密度と温度は、さらに高かった」と考えるほかありません。そして宇宙の誕生の瞬間は、密度と温度を含めたさまざまな物理量が無限大の、**特異点**という点になります。

しかし、無限大という数値は現実にはありえないので、説明の中に特異点が出てくるのは、物理学的には誤りです。ビッグバン以前、宇宙の本当の誕生をさぐるには、ビッグバン以外のアイデアが必要なのです。

桁違いの大膨張

1980年代初頭、日本の宇宙物理学者**佐藤勝彦**（1945年〜）は、「宇宙は誕生直

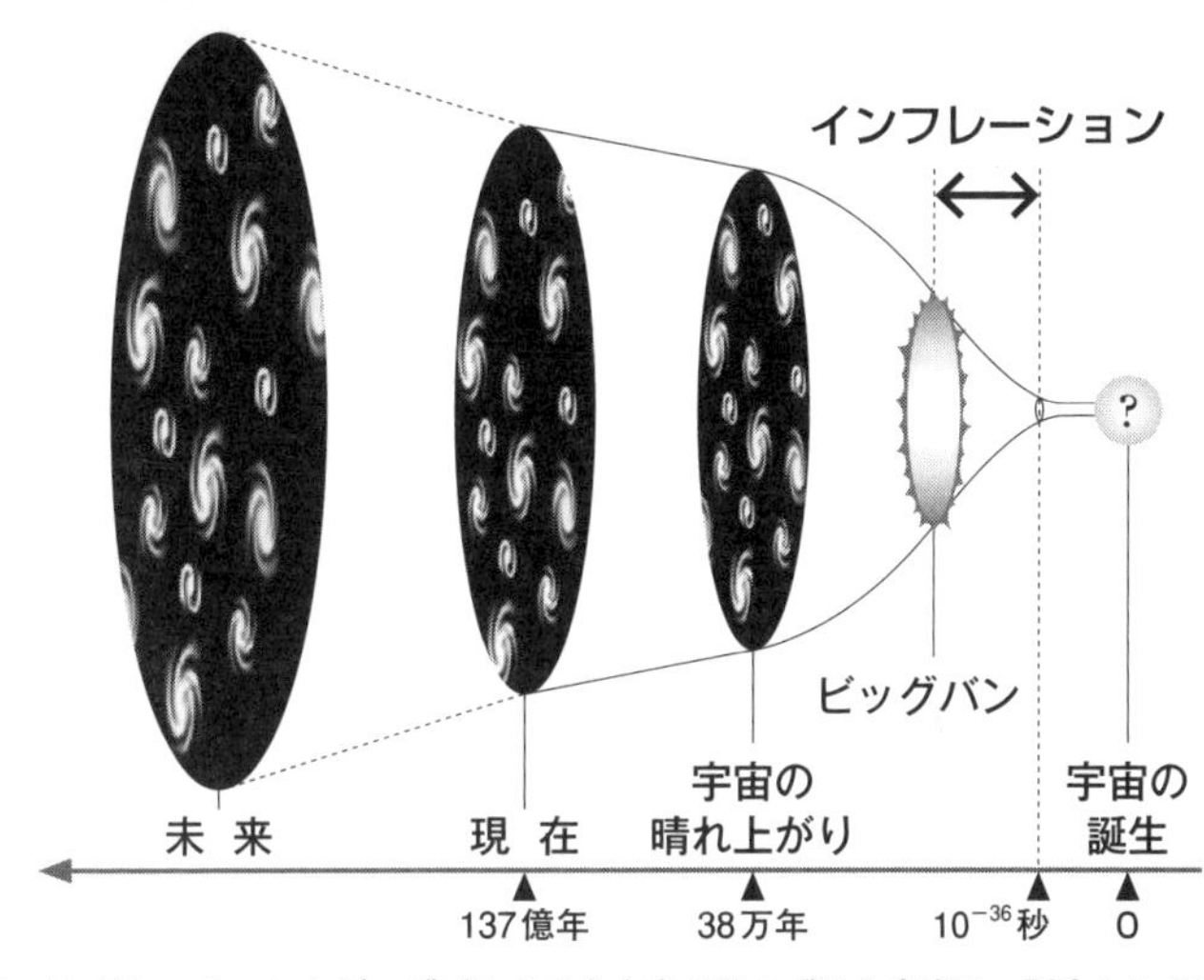

▲インフレーションとビッグバンののちも広がりつづけた宇宙は、誕生から38万年で、電子と原子核が結合して原子を形成できるほどの温度まで冷え、光子が電子にじゃまされずに進めるようになった。これを「宇宙の晴れ上がり」と呼ぶ。

後、急激に加速膨張し、膨張終了後に火の玉宇宙になった」という画期的な説を提唱しました。独自に同じモデルを考案したアメリカの宇宙物理学者**アラン・グース**（1947年〜）が、これを**インフレーション宇宙モデル**と名づけます。内容は次のようなものです。

宇宙の誕生直後、**真空の相転移**（201ページ参照）が起こると、真空のもつ**真空のエネルギー**が、極小の宇宙を超短期間に大膨張させます（**インフレーション**）。真空の相転移が終わると、真空のエネルギーは熱エネルギーに変換され、超高温の火の玉宇宙となります（**ビッグバン**）。

インフレーション理論は、ビッグバン以前の宇宙の姿を見事に解き明かし、多くの研究者から支持されています。

08 宇宙の95パーセントは闇の中
ダークマターとダークエネルギー

宇宙には何があるのか

インフレーションからビッグバンを経て、宇宙はだんだんと、現在のようなものになってきました。では、この宇宙はいったい、何でできているのでしょうか。

宇宙にある物質として、すぐに思いつくのは、恒星や惑星です。しかしじつは、そういった星たちは、すべて集めても、宇宙全体の組成の0・5パーセントほどにしかならないといいます。星以外にも、宇宙に漂う星間（せいかん）ガスなど、原子でできているものはたくさん

▼宇宙の構成。物質の質量とエネルギーは、アインシュタインの有名な「$E=mc^2$」（エネルギーは、質量と光速の２乗の積に等しい）という式によって換算できる。ダークマターの正体については、未知の素粒子「ニュートラリーノ」などが候補に挙がっている。ダークエネルギーについては、宇宙を加速膨張させていることはわかっているものの、正体はまったくの謎とされる。

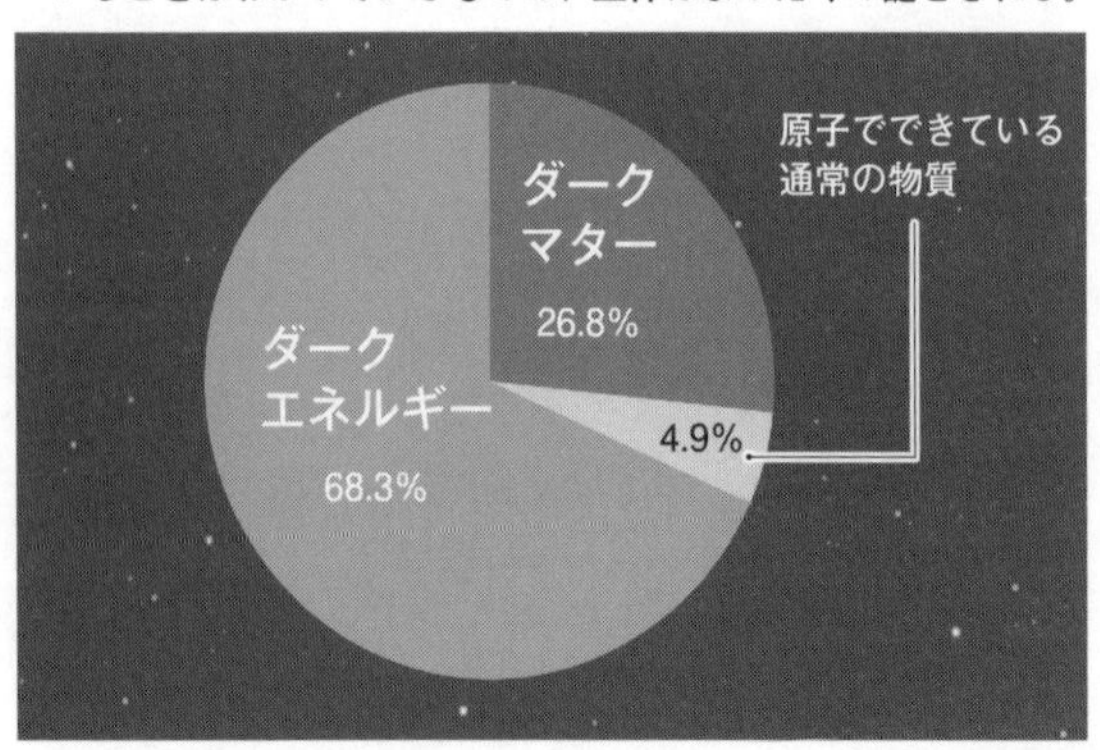

ありますが、原子からなるすべての物質を合わせたところで、全体の5パーセント弱にしかなりません。そのほかの95パーセントは、闇に包まれているのです。

宇宙を支える暗黒の何か

宇宙に存在する未知の何か。その一部には、**ダークマター**（**暗黒物質**）という名前がつけられています。

それは、光学的な観測が不可能ではあるものの、質量はもっているとされます。というのも、「見えない何かの質量によって重力が生じている」と考えなければ説明のつかない現象が、いろいろと観測されているからです。

ダークマターは、宇宙の初期に、その重力によって原子を引きつけて星を形成したり、互いに引き寄せあって宇宙の構造を築いたりしたのではないかとも考えられています。

ダークマターは、原子でできた物質の5倍以上あるとされますが、それでも全体の4分の1程度です。宇宙の組成の7割ほどは、**ダークエネルギー**と呼ばれています。

宇宙の膨張速度は、**インフレーション**のあとは落ちつづけていると考えられていました。インフレーションのときに宇宙を加速的に押し広げた**真空のエネルギー**が、もうほとんど残っていないはずだからです。しかし1998年、実際には膨張が加速していることがわかります。この加速を引き起こしているのが、ダークエネルギーだと考えられています。

09

ブラックホールの正体をさぐる

光も抜け出せない重力をもつ天体

ブラックホールの構造

宇宙にあいた真っ暗な穴。そこに吸い込まれたら、二度と出られない……。SF作品で人気の道具立てである**ブラックホール**には、人の想像力を刺激する何かがあります。

そのブラックホールの構造を、**一般相対性理論**（172ページ参照）を参照しながら表現すると、下図のようになります。

万有引力の法則（98ページ参照）より、大きな質量をもつ物体は、強い重力をもちます。そして一般相対性理論により、重力の大きい

▼重力による空間のゆがみから、ブラックホールの構造を模式化した図。事象の地平線の内側に入ると、重力が強すぎて光速（宇宙の最高速度）でも抜け出せない。

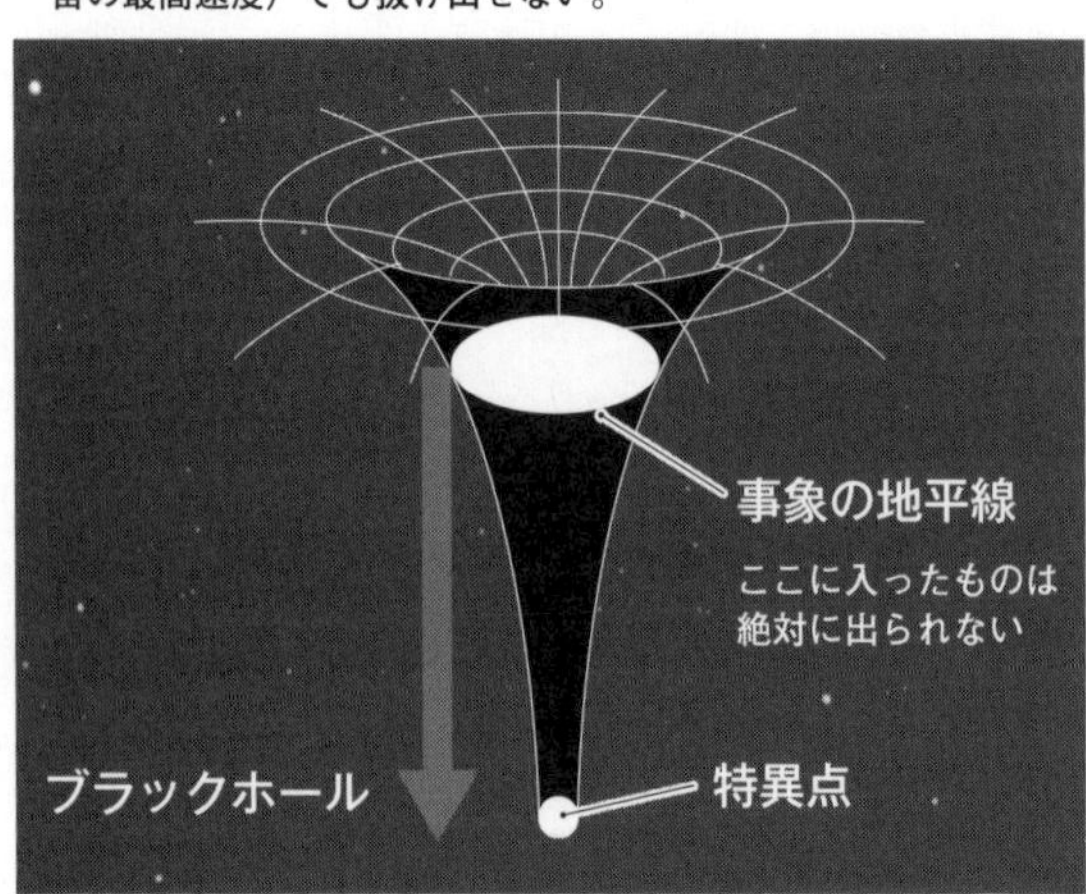

ところでは、空間がゆがみます。

きわめて質量が大きく、しかも非常に小さい天体は、深い穴の底のようになります。このブラックホールの中心は、計算すると、大きさが無限小で密度が無限大の**特異点**（208ページ参照）です。

この穴は、いわば重力そのものですから、近くにあるものを中心へと引き寄せます。まだ遠い（浅い）ところなら、高速で動けば逃げられますが、中心にある程度近くなると、重力が大きすぎて、宇宙の最高速度である光速でさえ、脱出できなくなります。ブラックホールの表面ともいうべきその境界を、**事象の地平線**と呼びます。また、ブラックホールから事象の地平線までの距離は、**シュヴァルツシルト半径**といいます。

ブラックホールの発見

シュヴァルツシルト半径の名称の由来となった、ドイツの天体物理学者**カール・シュヴァルツシルト**（1873～1916年）は、ブラックホールの理論的可能性に気づいた人物です。彼は、一般相対性理論の発表直後の1916年、**重力場の方程式**（174ページ参照）から、アインシュタインすら予想しなかった解（**シュヴァルツシルト解**）を導き出しました。じつはそれが、光すら逃がさない天体を意味する解だったのです。

当時は、そんな天体が本当に宇宙に存在するとは、おそらくだれも（シュヴァルツシルトも含めて）思っていませんでした。しかし

1930年代、インド出身の天体物理学者**スブラマニアン・チャンドラセカール**（1910〜1995年）が、量子力学と相対性理論を駆使して、「重すぎる星はつぶれてしまう」という**チャンドラセカール限界質量**を発見します。ブラックホールを発生させる特異点を示唆するこの説は、当初は相手にされなかったものの、長い時間をかけて検討されていきます。

1967年以降、アメリカの物理学者**ジョン・ホイーラー**（1911〜2008年）が「ブラックホール」という名前を広めました。存在を示す証拠も、だんだんと見つかりはじめ、ブラックホールは広く受け入れられるようになります。2019年4月には、ブラックホールの写真が発表されました。

ホーキング放射

イギリスの理論物理学者**スティーヴン・ホーキング**（1942〜2018年）は、1960年代からブラックホールの研究で名を馳（は）せていました。1974年、彼は**ホーキング放射**という理論を提唱します。それまで、ブラックホールはものを吸い込むいっぽうだと考えられていましたが、ホーキングは、「ブラックホールから外部への熱の放射があるはずだ」と考えたのです。

この理論は、量子力学を利用しながらブラックホールの**絶対温度**を計算することで導かれたものですが、簡略には、エネルギーから粒子と反粒子（191ページ参照）が発生

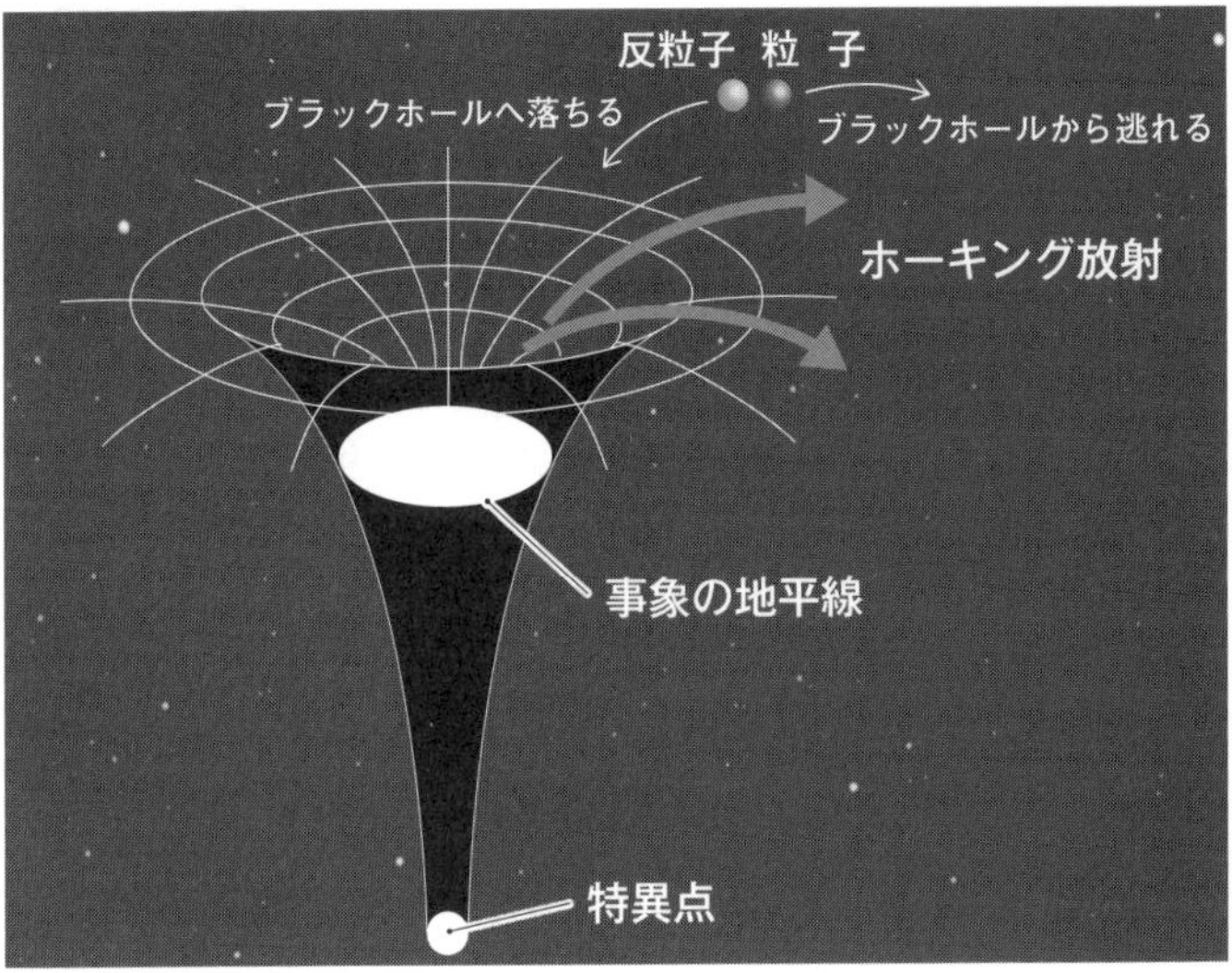

▲ホーキング放射のイメージ。

する**対生成**（ついせいせい）という現象によって説明できるとされます。

　ブラックホールの事象の地平線の外で対生成が起きて、負のエネルギーをもつ粒子がブラックホールに落ち、正のエネルギーをもつ粒子が外へ逃れる現象が、ブラックホールからの熱の放射を意味するというのです。

　ホーキング放射を続けると、ブラックホールはだんだんエネルギーを失い、質量を減らして、最後には消滅します。これを**ブラックホールの蒸発**といいます。

　ただし、ブラックホールが蒸発していく速度はゆっくりとしたもので、そう簡単には消滅しません。完全になくなるには、宇宙誕生から現在までよりも、さらに長い年月が必要だと考えられています。

10

光速で進む「時空のさざなみ」 ついに検出された重力波

重力波とは何か

一般相対性理論（172ページ参照）によると、質量をもつものはまわりの空間をゆがめています。その物体が運動をすると、歪みの変動が、波動として広がります。これを**重力波**といいます。重力波は、光速で伝播するとされます。

一般相対性理論によって示唆され、その後アインシュタイン自身によって存在を予言されたこの重力波を観測しようと、多くの研究者たちが努力してきました。しかし、検出できるほどの重力波が発生するには、巨大な運動量が必要です。つまり、きわめて大きな天体が、光速に近い速さで動いてくれなければなりません。しかも、その波は地球に届くころには、非常に小さなものになっているのです。

▼時空を柔らかいゴム板のようなものとしてイメージする。ゴム板の上に質量のあるものを押しつけてみると、ゴム板がたわむ。

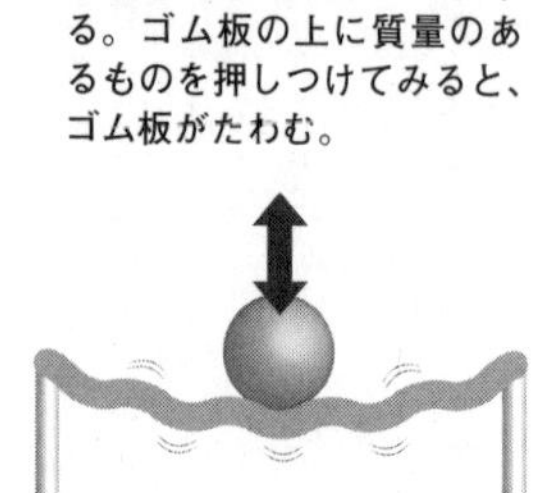

▼ゴム板のたわみが波紋のように伝わっていくのが、重力波のイメージである。

▲ KAGRA の模式図。重力波の検出には、マイケルソン干渉計（145 ページ参照）の原理を利用する。ひとつの光源から出たレーザー光線を、互いに直角な２方向の光に分けて、それぞれ同じ距離だけ進ませたあと反射させて、また分離地点に戻す。そうして戻ってきた光の到達時間には、重力波による空間のゆがみのため、差ができるはずである。その差を、干渉を利用して測定する。

重力波の検出

重力波は、約100年間、直接的には検出されず、アインシュタインからの「最後の宿題」とされていました。

しかし2016年、人類はついに、重力波の直接検出に成功します。このとき検出された重力波は、13億年前に宇宙の彼方（かなた）でおきたブラックホール同士の衝突・合体の衝撃によって生じたものでした。

日本でも、スーパーカミオカンデ（205ページ参照）などのある岐阜県飛騨（ひだ）市の神岡鉱山跡地（あとち）に、大型低温重力波望遠鏡**KAGRA**が建設されました。2019年秋から、KAGRAによる本格的な観測が始まります。

11

4つの力の統合へ向けた物理学者たちの挑戦

大統一理論と万物の理論

ふたつの力を統合した電弱統一理論

物理学者の究極の目標のひとつは、宇宙にはたらく4つの**相互作用**（194ページ参照）を「ひとつの力」として扱えるようにまとめ、**あらゆる現象を「ひとつの力」だけで説明できるようにする**ことだといわれます。

4つの相互作用のうち、電磁相互作用と弱い相互作用は、1967年に統一されました。アメリカの物理学者**シェルドン・グラショー**（1932年〜）と**スティーヴン・ワインバーグ**（1933〜2021年）、パキスタンの物理学者**アブドゥッサラーム**（1926〜1996年）によって提唱された、**電弱統一理論**（**ワインバーグ＝サラム理論**）です。

電弱統一理論は、さまざまな現象を素粒子から説明する素粒子物理学の**標準模型**にも含まれている、今やスタンダードな理論だといえます。

しかし、標準模型自体、まだ完成されたものだとはいえません。電磁気相互作用と、強い相互作用を記述する**量子色力学**という理論が、別個のものになっています。また、**重力相互作用についての理論が含まれていない**ことも、標準模型の問題です。

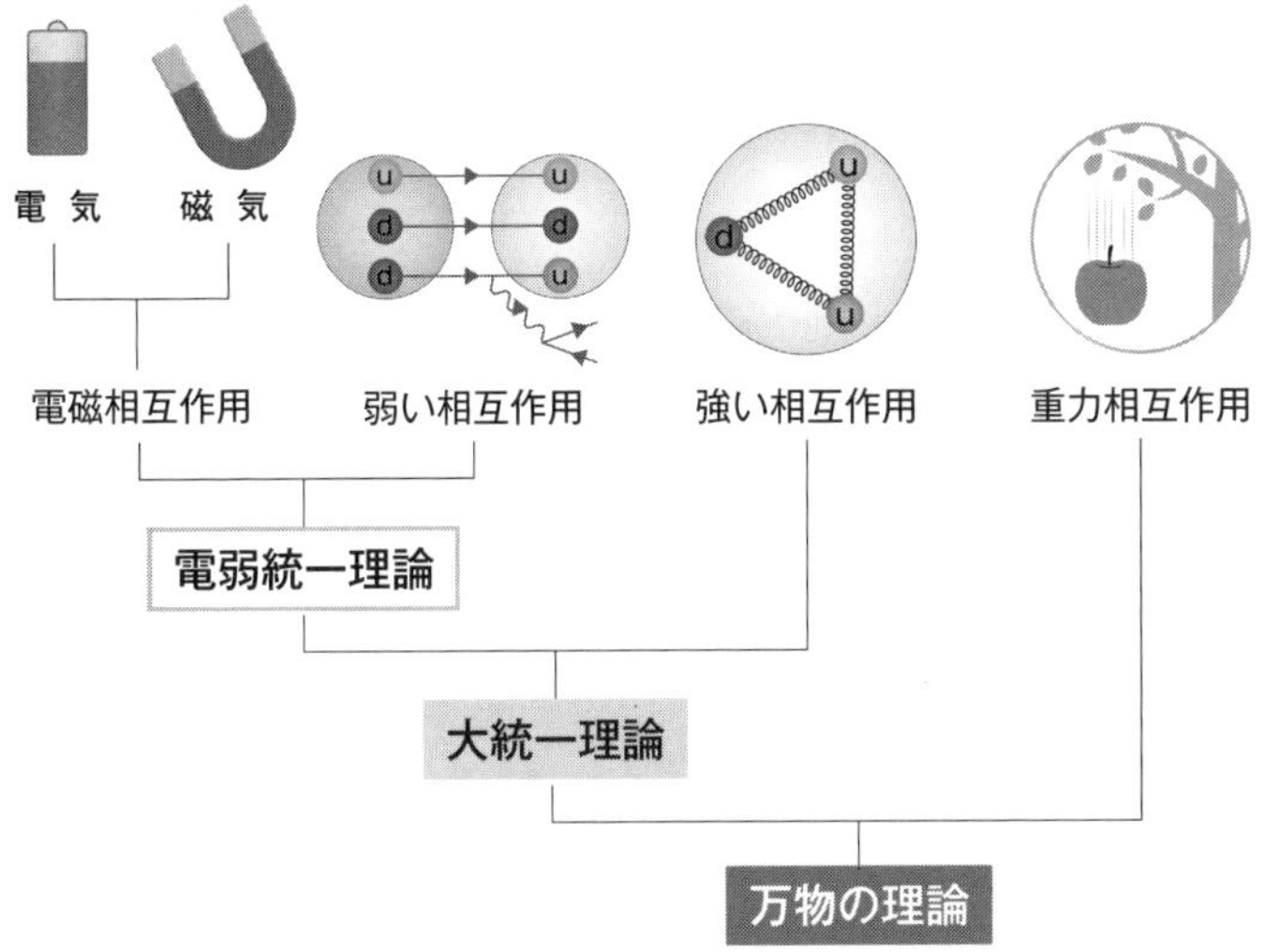

電気　磁気

電磁相互作用　弱い相互作用　強い相互作用　重力相互作用

電弱統一理論

大統一理論

万物の理論

▲現代物理学は、相互作用の統一的な理論化をめざして発展してきた。大統一理論と万物の理論は、現時点では完成していない。

さらなる力の統一はできるのか？

1974年、アメリカの物理学者**ハワード・ジョージ**（1947年〜）とグラショーによって、電磁相互作用・弱い相互作用・強い相互作用を統合する**大統一理論**が唱えられました。しかし、これはまだ実証されていません。

そして4つの相互作用をすべて統一する**万物の理論**の候補として、イギリスの物理学者**マイケル・グリーン**（1946年〜）やアメリカの物理学者**ジョン・シュワルツ**（1941年〜）らが**超ひも理論**（**超弦理論**）を提唱しました。まさに今研究が進められているこの理論を、次に紹介しましょう。

12 超ひも理論の不思議

5次元より先はコンパクト化されている⁉

物質の基本は「ひも」である⁉

物質を分割していくと原子があり、それをさらに分割していくと素粒子で行き止まりになり、その素粒子の相互のはたらきによってすべての現象を説明しようというのが、素粒子の**標準模型**です。

しかし、「物質の根源には点のような粒子がある」という古代ギリシア以来の考え方を捨てよう、との声が上がります。1970年、日本出身の先駆的な理論物理学者**南部陽一郎**(なんぶよういちろう)らが唱えた**ひも理論**(**弦**(げん)**理論**)は、「物質の基本は1次元のひもである」とするアイデアでした。それによると、超ミクロの世界には**「開いたひも」**と**「閉じたひも」**があって、これらがゆらぐと振動が生じ、その振動が素粒子になるというのです。

宇宙の4つの相互作用のうち、重力相互作用を媒介する重力子のはたらきについて、標準模型には確立された理論がありません。

これに対して、ひも理論では、光(電磁気力)は「開いたひも」の振動、重力は「閉じたひも」の振動であるとします。つまり、光子による電磁相互作用と、重力子による重力相互作用を、統合することができるのです。

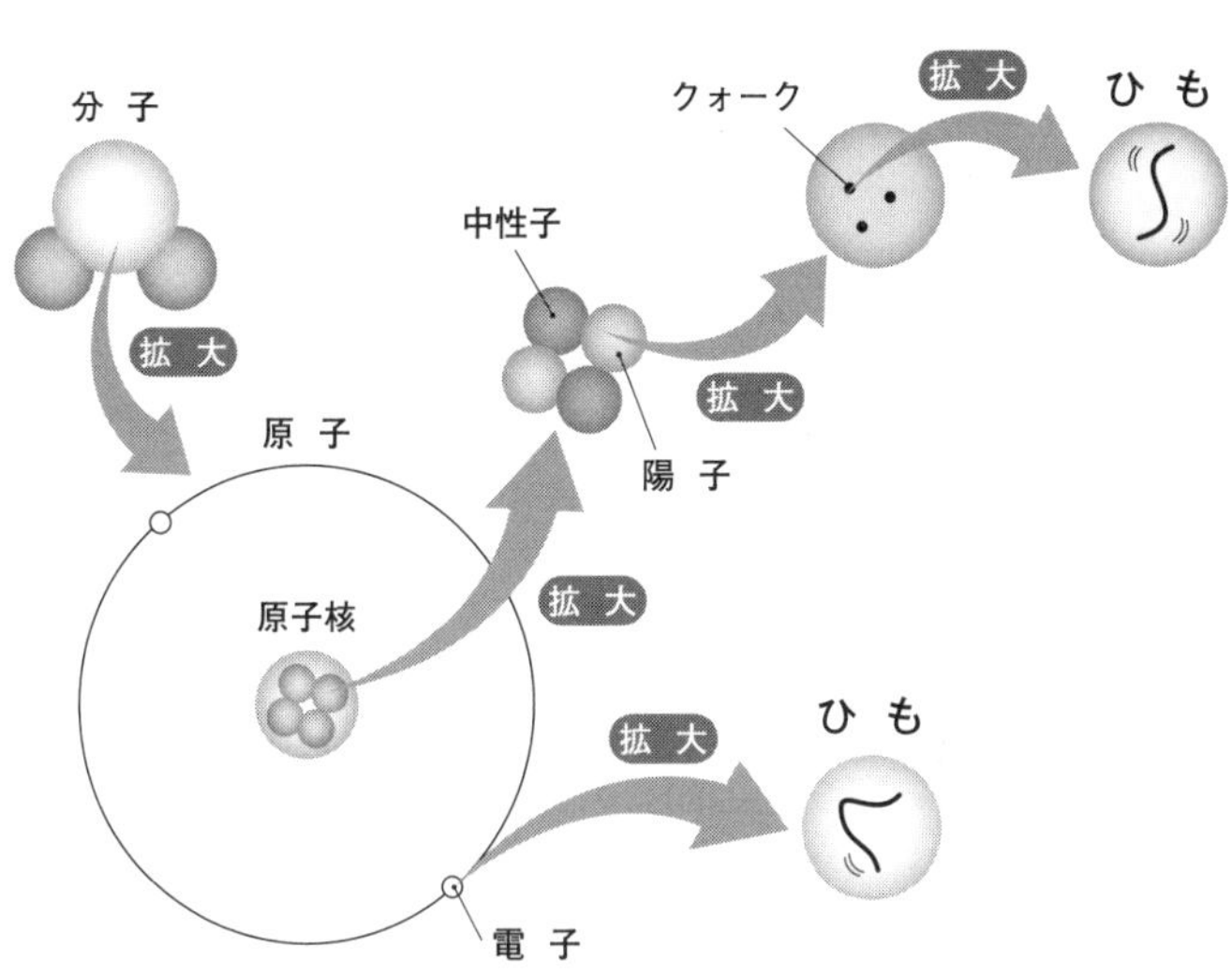

▲ミクロの世界には多くの次元がコンパクトに折りたたまれており、物質の最小単位は振動する「ひも」だとするのが、超ひも理論の発想である。

超ひも理論と余剰次元

じつはひも理論は、「矛盾なく成立するには、宇宙が26次元でなくてはならない」というものでした。それを10次元または11次元で成立できるようにしたのが、超ひも理論です。

超ひも理論によると、私たちの4次元時空の「先」の**余剰次元**は、ミクロの世界に小さく折りたたまれています。その**コンパクト化**のせいで、本来ひもであるものが粒子に見えるのです。また、重力が非常に弱い（196ページ参照）のも、そのほとんどが余剰次元に流出しているからだとされます。

超ひも理論は、宇宙のすべてを説明できるでしょうか？　今後の成果が楽しみです。

COLUMN 07

宇宙の終焉はどうなるか?

最新の物理学でも、ミクロの世界や宇宙についてては、わからないことだらけです。インフレーションの前の宇宙がどうやって生まれたのかも、確定的な答えはまだないのです。

「宇宙に終わりはあるのか?」「あるとしたら、どんな終わりなのか?」についても、限られた知識から予想することしかできません。

まず、これから50億年ほどで、太陽が**赤色巨星**(赤く巨大な星)を経て**白色矮星**(白く小さな星)になります。その過程で私たちの地球は、太陽に呑み込まれるかもしれません。

太陽は、気の遠くなるほど長い時間ののち、銀河の中心にある巨大ブラックホールに吸い込まれていくと考えられています。ブラックホールは、ダークマターも含め、銀河の物質すべてを呑み込みながら肥大していきます。

しかし、ホーキングの説が正しいとしたら、このブラックホールもちびちびと**ホーキング放射**を行い、蒸発していきます(214ページ参照)。そういう光景は、宇宙のあちこちで見られることでしょう(だれが見るのかはさておき)。銀河全体を吸収するほど巨大だったブラックホールも、最後は小さな粒子になり、爆発して消えるといわれています。

宇宙全体は、膨張を続けるとの説が有力ですが、それが無限に続くのかは不明です。宇宙が誕生したときのような、思いがけない奇跡のようなできごとが、私たちの宇宙を待っているかもしれません。

❖ 主要参考文献 ❖

有山智雄ほか『中学総合的研究　理科　新装版』(旺文社)
池内了『物理学と神』(講談社)
石原顕光『トコトンやさしい元素の本』(日刊工業新聞社)
井上伸雄『「電波と光」のことが一冊でまるごとわかる』(ベレ出版)
岩崎允胤『ヘレニズムの思想家』(講談社)
岡村定矩ほか『新しい科学　１年』(東京書籍、文部科学省検定済教科書)
岡村定矩ほか『新しい科学　２年』(東京書籍、文部科学省検定済教科書)
岡村定矩ほか『新しい科学　３年』(東京書籍、文部科学省検定済教科書)
科学雑学研究倶楽部編『相対性理論のすべてがわかる本』(学研)
小谷太郎『知れば知るほど面白い宇宙の謎』(三笠書房)
小山慶太『科学史人物事典』(中央公論新社)
小山慶太『科学史年表』(中央公論新社)
佐藤勝彦『相対性理論から 100 年でわかったこと』(PHP 研究所)
佐藤勝彦『眠れなくなる宇宙のはなし』(宝島社)
佐藤次高ほか『詳説世界史　改訂版』(山川出版社、文部科学省検定済教科書)
左巻健男ほか『天才たちのつくった物理学の世界』(総合図書)
全国歴史教育研究協議会編『世界史Ｂ用語集　改訂版』(山川出版社)
冨田恭彦『デカルト入門講義』(筑摩書房)
長澤光晴『眠れなくなるほど面白い　図解　物理の話』(日本文芸社)
並木雅俊『教科書にでてくる物理学者小伝』(シュプリンガー・ジャパン)
野田又夫『デカルト』(岩波書店)
二宮正夫『絵でわかるクォーク』(講談社)
橋本幸士『超ひも理論をパパに習ってみた』(講談社)
廣川洋一『ソクラテス以前の哲学者』(講談社)
三浦俊彦『論理パラドクス・勝ち残り編』(二見書房)
村山斉『宇宙は何でできているのか』(幻冬舎)
矢沢サイエンスオフィス『科学の理論と定理と法則がよくわかる本』(学研)
山口義久『アリストテレス入門』(筑摩書房)
山﨑耕造『トコトンやさしい宇宙線と素粒子の本』(日刊工業新聞社)
山本義隆『原子・原子核・原子力』(岩波書店)
米沢富美子『人物で語る物理入門（上・下)』(岩波書店)
若林文高監修『こどもノーベル賞新聞』(世界文化社)
ジョアン・ベイカー、和田純夫監訳『人生に必要な物理 50』(近代科学社)
トム・ジャクソン、新田英雄監訳『物理　探究と創造の歴史』(丸善出版)
ローレンス・M・プリンチペ、菅谷暁・山田俊弘訳『科学革命』(丸善出版)
Newton ライト『13 歳からの量子論のきほん』(ニュートンプレス)
Newton ライト『佐藤勝彦博士が語る　宇宙論のきほん』(ニュートンプレス)
Newton ライト『素粒子のきほん』(ニュートンプレス)
Newton ライト『物理のきほん　力学編』(ニュートンプレス)
Newton 別冊『素粒子とは何か』(ニュートンプレス)
Newton 別冊『よくわかる決定版　量子論　第３版』(ニュートンプレス) ／ほか

❖ 写真協力 ❖
Pixabay
Freepik
Flaticon
macrovector
Wikimedia Commons
写真 AC
イラスト AC

物理のすべてがわかる本

2021 年 12 月28日　第 1 刷発行

編集製作 ◉ ユニバーサル・パブリシング株式会社
デザイン ◉ ユニバーサル・パブリシング株式会社
編集協力 ◉ 菅乃廣／川合裕之／関根一華／田中貴恵／花草セレ／矢田和啓／
吉橋航也／ Tets Kosaka ／ジョシュア・バクスター（監修・科学構成）
イラスト ◉ 岩崎こたろう

編　　者 ◉ 科学雑学研究倶楽部
発 行 人 ◉ 松井謙介
編 集 人 ◉ 長崎　有
企画編集 ◉ 宍戸宏隆
発 行 所 ◉ 株式会社 ワン・パブリッシング
〒 110-0005　東京都台東区上野 3-24-6
印 刷 所 ◉ 大日本印刷株式会社

この本に関する各種お問い合わせ先
●本の内容については、下記サイトのお問い合わせフォームよりお願いします。
https://one-publishing.co.jp/contact/
●在庫・注文については　書店専用受注センター　Tel 0570-000346
●不良品（落丁、乱丁）については　Tel 0570-092555
業務センター　〒 354-0045　埼玉県入間郡三芳町上富 279-1